100세
러닝

한 그루의 나무가 모여 푸른 숲을 이루듯이
청림의 책들은 삶을 풍요롭게 합니다.

100세 라이프 시리즈

평생 러너를 위한 Zone 2 러닝의 모든 것

100세 러닝

이재진 지음

청림 Life

왜 '100세 러닝'인가

100세 시대. 이 길어진 삶은 우리에게 축복인가, 아니면 감당해야 할 짐인가? 여러 통계는 우리가 더 오래 살게 될 것임을 예고하지만, 정작 중요한 질문은 외면하고 있다. 침대 위에서, 혹은 누군가의 도움 없이는 거동조차 힘겹게 맞이하는 100세가 과연 우리가 꿈꾸던 미래일까? 오래 사는 것보다 중요한 것은, 마지막 순간까지 '내 두 발로 움직일 수 있는 자유'를 누리며 살아가는 것이다.

많은 이들이 건강을 위해 달리기를 결심하지만, 그 결심은 대부분 몇 주를 넘기지 못한다. 무릎은 비명을 지르고, 숨은 턱까지 차오르며, 다음 날 온몸을 짓누르는 근육통 앞에서 우리는 쉽게 좌절한다. '달리기는 원래 이렇게 고통스러운 것'이라는 뿌리 깊은 오해. 나 역시 그 오해 속에서 수없이 넘어지고 포기하기를 반복했다. 부상으로 몇 달을 쉬어야 했고, '나는 달리기에 재능이 없나 보다' 자책하며 운동화를 신발장 깊숙이 밀어 넣기도 했다.

하지만 이 책은 '달리기가 고통이라는 통념은 절반의 진실일 뿐이며, 오히려 가장 지속 가능하고 몸을 살리는 움직임이 될 수 있다'는 혁명적인 진실에서 시작한다. 100세가 되어서도 가뿐하게 동네 한 바퀴를 조깅하고, 계단을 두려움 없이 오르내리며, 여행지에서 낯선 거리를 자유롭게 거닐 수 있는 몸. '100세 러닝'은 단순히 오래 달리자는 구호가 아니라, 노화와 중력의 힘에 맞서 삶의 마지막 순간까지 존엄한 움직임의 자유를 지켜내겠다는 구체적인 선언이자, 과학적 로드맵이다.

그 혁명의 중심에는 '슬로 조깅^{Slow Jogging}', 즉 전 세계적인 건강 트렌드로 떠오른 '존2^{Zone 2} 러닝'이라는 단순하고도 강력한 원리가 있다. 이것은 빨리 달리는 기술이 아니라, 느리게 달림으로써 역설적으로 더 강하고 오래가는 몸을 만드는 '에너지 시스템 재설계'의 과학이다. 숨이 차지 않는 속도, 옆 사람과 대화가 가능한 편안함, 관절에 부담 없는 부드러움. 이 느림 속에서 우리 몸은 비로소 탄수화물 대신 지방을 주 연료로 사용하는 법을 배우고, 심장은 폭발적인 펌프질 대신 효율적인 박동을 익히며, 혈관은 굳어가는 대신 유연하게 확장되고, 면역 시스템은 과잉 반응 대신 균형 잡힌 방어를 학습한다. 심지어 세포의 노화 시계(텔로미어)는 그 속도를 늦추고, 뇌는 스트레스 반응 대신 평온함을 되찾는다.

슬로 조깅을 통해 나는 처음으로 통증 없이 달리는 기쁨을, 아니 '살아 움직이는 즐거움' 자체를 되찾았다. 그것은 단순히 신체 능력의 회복을 넘어, 무기력과 피로에 잠식되었던 삶 전체를 다시 일으켜 세우는 경험이었다. 하루의 피로가 덜 쌓이고, 감정의 기복이 줄어들며, 예상치 못한 어려움 앞에서도 쉽게 무너지지 않는 내면의 단단함. 달리기는 나에게 체력을 넘어 삶의 회복탄력성을 선물했다.

물론, 처음에는 어색할 수 있다. 남들보다 느린 속도가 괜히 신경 쓰이고, '이렇게 달려도 운동이 될까?' 의심이 들 수도 있다. 하지만 단 며칠 만이라도 이 '느림의 리듬'에 몸을 맡겨보라. 놀랍게도 같은 거리가 훨씬 수월해지고, 밤잠은 깊어지며, 다음 날 아침의 몸은 거짓말처럼 가벼워질 것이다. 그때 비로소 우리를 달리기로부터 멀어지게 했던 것은 나이나 체력이 아니라, 언제나 '너무 빨리, 너무 힘들게' 달리려 했던 잘못된 방식이었다는 것을 깨닫는다.

이 책은 바로 그 깨달음과 내가 13년간 꾸준히 실천해 온 것들, 그리고 수많은 과학적 근거들을 집대성한 결과물이다. 이것은 단순한 달리기 안내서가 아니라, 당신의 몸과 삶을 바꾸는 구체적인 시스템 설계도다.

- PART 1에서는 당신을 괴롭혔던 달리기에 대한 뿌리 깊은 오해(특히 무릎 통증!)를 깨뜨리고, 두려움 없이 첫걸음을 내딛게 할 것이다.
- PART 2에서는 왜 '느림'이 역설적으로 가장 강력한 성장 전략인지, 존2 러닝의 과학적 원리와 평생 지속 가능한 '달리기 경제학'의 비밀을 파헤친다.
- PART 3에서는 통증 없이 평생 달릴 수 있는 구체적인 호흡법, 자세, 신발과 장비 선택 등, 당신의 몸을 지키는 실전 기술의 모든 것을 담았다.

- PART 4에서는 슬로 조깅이 어떻게 세포의 에너지 공장(미토콘드리아)을 깨우고, 면역력을 강화하며, 심지어 노화 시계와 장수 유전자까지 건드리는지, 경이로운 과학적 기적의 세계로 안내한다.
- PART 5에서는 매일의 피로와 귀찮음이라는 가장 현실적인 적들을 이겨내고, 달리기를 당신의 삶에서 가장 쉽고 즐거운 습관으로 만드는 구체적인 시스템 설계법을 배운다.
- PART 6에서는 30대부터 60대 이후까지, 인생의 각 단계에서 마주하는 변화와 변수들(시간 부족, 체력 저하, 노화)을 현명하게 넘어서는, 평생 지속 가능한 맞춤형 러닝 로드맵을 제시한다.

이 책에서 말하는 달리기는 경쟁적인 기록 싸움이 아니다. 그것은 하루 한 번, 흐트러진 삶의 호흡을 고르는 움직이는 명상이고, 끊임없이 변화하는 내 몸의 소리에 귀 기울이는 고요한 대화다. 목표는 남들보다 빨라지는 것이 아니라, 100세에도 여전히 내가 원할 때 20~30분쯤 가볍게 달릴 수 있는 몸, 즉 '움직임의 자유'를 유지하는 것이다.

이제 선택은 당신에게 달렸다. 오늘, 당신의 가장 편안한 신발을 신고 문밖으로 나서보라. 단 5분이라도 좋다. 숨이 차지 않는 속도로 걷다가, 아주 조금만 속도를 내어 달려보라. 그리고 힘이 다하기 전에, 기분 좋은 여운을 남기고 돌아오라. 그렇게 쌓인 작고 평범한

성공의 경험들이, 당신의 빛나는 100세 러닝을 완성할 것이다. 길어진 삶은 축복이 될 수도, 감당 못 할 짐이 될 수도 있다. 그 차이를 만드는 것은 결국, 오늘 당신의 발걸음이다.

Part 3.

100세까지 통증 없이 달리는 실전 기술

Part 6.

노화와 삶의 변수를 이기는 평생 러닝 전략

Part
1

100세 러닝의 시작,

달리기의 오해를 깨다

1장

무릎 통증 없이
평생 달리는 첫걸음

"나는 절대 달리기를 즐길 수 있는 사람이 아니야."

예전의 내가 했던 생각이다. '달리기'라는 단어만 들어도 목에서 피 맛이 올라오는 기분이 들었다. 이는 나만의 이야기가 아니다. 많은 사람이 달리기를 떠올리면 지루하고, 힘들고, 고통스럽다는 인상을 받는다. 그중에서도 달리기를 영원히 거부하게 만드는 가장 큰 심리적 장벽은 '무릎 통증'이다.

우리는 달리기가 무릎을 소모하는 운동이라는 오해부터 풀어야 한다. 왜 이런 인식이 자리 잡았을까? 이유는 다양하지만, 결국은 '너무 빨리 달린다'라는 하나의 치명적인 실수로 귀결된다. 우리가 달리기를 주저하게 되는 몇 가지 오해들에 대해서 먼저 짚고 넘어가자.

● '무릎은 소모품'이라는 잘못된 믿음

부상은 달리기의 숙명처럼 여겨진다. 우리는 달리기가 연골을 닳게 한다는 이야기를 너무 많이 들어왔고, 실제로 러닝화 브랜드가 '최대 충격 흡수'를 강조하는 광고는 이 두려움을 부추긴다. 이 오해 때문에 많은 사람이 달리기를 '노화와 함께 포기해야 할 운동'으로 단정한다. 하지만 이는 잘못된 생각이다. 무릎 연골은 적절한 자극을 통해 강화되고 영양을 공급받는다. 오히려 달리지 않아서 연약해지는 경우가 훨씬 많다. 문제는 달리기 자체가 아니라, 충격을 흡수할 준비가 되지 않은 상태에서의 과부하이다.

● 시작부터 한계까지 몰아붙이는 '속도 욕심'

스스로 속도를 조절하기보다, 시작부터 전력으로 달려버린다. 첫 몇 분 안에 지치면 달리기는 당연히 힘들게 느껴진다. 달리기가 끝난 후 찾아오는 무릎 주변의 뻐근함, 다음 날 계단을 내려갈 때 느껴지는 통증은 '빨리 뛰는 것'이 가져다준 쓰라린 선물이다.

● 남들보다 더 빨리 뛰어야 한다는 경쟁심

학교 체력장이나 기록 측정 같은 경험은 달리기를 '고통스러운 의무'로 기억하게 만든다. 누군가의 스톱워치에 맞춰 숨이 턱끝까지 차오르는 순간을 겪었다면 달리기를 즐겁다고 기억하기 어렵다.

● 남들의 시선과 눈치

공원이나 도로에서 달릴 때 '내가 너무 느린 건 아닐까?' 하는 생각이 들면, 호흡과 자세보다 체면이 우선된다. 이로 인해 본인에게 버거운 속도를 유지하다가 과부하에 걸린다.

● 현실적인 제약으로 인한 지레 포기

과체중, 시간 부족, 부상 이력 같은 이유로 시작하기 전부터 '나는 안 될 거야'라는 결론을 내려버린다.

나 역시 이런 이유들이 겹쳐 달리기를 멀리했다. 특히 학생 시절 1,500m 달리기 시험이 결정타였다. 젊음의 호기를 믿고 거침없이 출발했지만, 여섯 바퀴를 돌 무렵엔 거의 기어가듯 골인했다. 땀, 콧물, 침이 뒤섞였던 그 고통스러운 기억은 성인이 된 이후에도 깊은 트라우마로 남아있었다. 달리기를 시도할 때마다 과거의 기억이 무릎 통증처럼 엄습했고, 혹시라도 무릎을 다쳐 병원 신세를 지게 될까 봐 두려움이 앞섰다. 달리기는 쾌감이 아니라 고통을 참아내는 의지의 영역이라고 믿었다.

그러다 성인이 된 후, 달리기를 즐겨 한다는 친구의 말에 회의를 느끼면서도 달리는 사람들의 모습이 눈에 들어왔다. 출근길 차량 정체 속에서 강변길을 달리는 60대 중년 남성이 있었다. 그의 얼굴에는 뚜렷한 미소가 번지고 있었다. 그는 무릎 보호대도, 화려한 러닝화도 없이 산책하듯 가볍게 뛰고 있었다. '안 힘들어서 표정이 저런 건가? 아니면 진짜 즐기고 있는 건가? 저 나이에도 무릎 걱정 없이 어떻게 저렇게 편안하게 뛸 수 있지?' 그 모습이 마음속에 작은 물음표를 남겼다.

결국 나는 십수 년 만에 다시 신발 끈을 맸다. 그때도 의지는 앞섰다. '달리기는 역시 빨리, 그리고 숨이 턱에 찰 때까지 해야 운동이 되지!' 그렇게 전속력으로 몇 분을 달렸고, 여지없이 무릎이 뻐근해지면서 호흡이 무너졌다. 나는 그대로 멈춰 서서 스스로에게 절망했다. '역시 나는 안 되는 사람이구나.'

하지만 그때 문득 60대 남성의 미소가 떠올랐다. 다음 날, 나는 의도적으로 페이스를 극단적으로 낮췄다. 민망할 정도로 느린 속도였다. 지나가는 자전거보다 느렸고, 걷는 사람들에게 추월당하는 기분이었다. '이래서 운동이 될까?' 하는 내적 갈등이 컸지만, 딱 '숨이 차지 않는 속도'를 유지하려 노력했다.

신기한 일이 벌어졌다. 전날 멈췄던 지점을 훌쩍 지나 30분을 달릴 수 있었다. 아침 햇살이 강물 위로 반짝였고, 차가운 공기 속에서 새들이 날아올랐다. 숨을 크게 들이마시니 상쾌한 냄새가 폐 깊숙이 스며들었고, 발끝의 리듬이 온몸을 가볍게 만들었다. 문득 웃음이 났다. 고통 대신 쾌감이 찾아왔다.

그때 깨달았다. 내가 싫어했던 건 '달리기' 자체가 아니라, '고통을 참아내야만 하는 달리기의 방식'이었다는 것을. 속도를 낮추자 호흡이 편안했고, 시선은 기록이 아니라 주변 풍경으로 향했다. 그

100세 러닝의 시작, 달리기의 오해를 깨다

렇게 알게 된 방법이 바로 '슬로 조깅'이었다.

　슬로 조깅의 핵심은 '웃을 수 있을 만큼 편안한 속도'이다. 이 속도는 단순히 느린 것을 넘어선다. 충격 역학적으로 볼 때, 발에 가해지는 충격을 걷기 수준(혹은 그 이하)으로 획기적으로 낮춘다. 무릎 통증의 근본 원인인 과도한 충격과 마찰을 최소화하여, 걷기보다 높은 유산소 효율을 제공하면서도 부상 위험은 낮추는 것이다. 이것이 무릎 통증 없이 평생 달릴 수 있는 유일한 시스템이다.

　이 경험은 '나는 달리기를 못 한다'라는 믿음을 완전히 바꿔놓았다. 달리기가 힘들다는 편견은 '너무 빠르게 달렸던 기억'에서 비롯된 경우가 많다. 무릎은 소모품이라는 잘못된 공식을 깨고, 남보다 빨리 달릴 필요도 없다. 무릎 통증 없이 평생 달리는 비결은 바로 이 '느림의 첫걸음'에 있다. 그리고 이 느림은 당신의 무릎뿐만 아니라 마음에도 깊은 회복과 휴식을 가져다줄 것이다. 다음 장에서는 그 심리적 변화에 대해 더 깊이 이야기해 보자.

2장

'느림'이 가져다주는 심리적 회복과 휴식

슬로 조깅을 꾸준히 하다 보면, 어느새 자신만의 장소가 생긴다. 꼭 러닝 트랙이 갖춰진 곳일 필요는 없다. 집 근처 공원 산책로, 아파트 단지 뒤편 오솔길, 직장 근처 강변길. 처음엔 단순히 달리기를 위한 공간이었지만, 어느 순간부터는 생각을 정리하고 마음을 내려놓는 나만의 장소가 된다.

나에게는 중랑천 강변길이 그랬다. 콘크리트 바닥, 철제 난간, 자전거와 보행자가 뒤섞인 평범한 길이었지만, 아침이면 강물 위로 햇살이 번지고, 저녁이면 북한산 너머로 해가 지는 고요 속에서 하루 30분, 나만의 리듬을 찾아갔다. 반복은 익숙함을 만들고, 익숙함은 안정감을 만든다. 하루가 어떻게 흘렀든, 그 길에 서면 다시 숨을 고를 수 있었다.

당연하게도 나 역시 처음엔 10분도 힘겨웠다. 그런데 이상하게도 그 길만 나오면 마음이 조금씩 풀렸다. 오랜만에 온몸으로 받아들이는 감각들이 생겼다. 그렇게 매일 아침, 같은 시간에 같은 길을 걷고 달리다 보니, 내 하루의 시작이 안정되기 시작했다. 어느 날은 그 길을 조금 더 달리고 싶어서 10분 더 일찍 나왔고, 어느 날은 전날의 힘든 일을 잊기 위해 조금 더 천천히 걷고 달렸다. 거리나 속도는 중요하지 않았던 것이다. 중요한 것은 중랑천이 점점 나에게 '움직이는 명상실' 같은 곳이 되었다는 사실이다.

이것은 느린 달리기가 뇌에 주는 특별한 선물이다. 너무 빠르거나 격렬하게 움직일 때는 뇌가 목표 달성^{Goal-directed}에만 집중하지만, 슬로 조깅처럼 낮은 강도의 반복적인 리듬에서는 뇌의 '디폴트 모드 네트워크^{Default Mode Network, DMN}'가 활성화된다. DMN은 우리가 멍때리거나 샤워할 때처럼, 의식적으로 무언가를 하지 않을 때 작동하는 네트워크다. 달리면서도 의식적인 잡념에서 벗어나 뇌가 스스로 내면을 정리하고 정돈할 수 있도록 돕는 것이다.

심리학에서는 이런 작용을 '앵커링^{Anchoring}'이라 부른다. 같은 장소에서 반복된 행동을 하면, 장소 자체가 '행동의 촉매'가 된다. 서재 의자에 앉으면 책을 펴고 싶어지듯, 늘 달리던 길에 들어서는 순간 몸이 반응한다. 의지보다 감각이 먼저 움직인다.

앵커링은 장소와 감각, 두 가지 축으로 이뤄진다. 우리가 집 근

Marcus E. Raichle et al., "A Default Mode of Brain Function," Proc Natl Acad Sci U S A 98, no. 2 (2001): 676–82.

처 공원을 '나만의 아지트'로 정하는 것이 첫 번째 축이다. 장소뿐 아니라 감각도 촉매가 된다. 신발 끈을 당기는 손의 압력, 달리기 앱의 스타트 버튼 소리, 달리기 전 입는 옷의 감촉. 익숙한 소리와 동작, 물건은 전환 스위치처럼 작동한다. 나의 경우, 아파트 엘리베이터 버튼을 누르는 순간 감각들이 먼저 반응한다. 가슴이 한 번 더 깊게 숨을 들이쉬고, 발목이 가볍게 탄력을 확인하듯 튕겨 오른다. 밤사이 굳어있던 목덜미가 사르르 풀리는 기분이 들고, 손가락은 무의식중에 손목시계 버튼에 올라가 있다. 아직 달리지도 않았는데, 몸은 이미 달리기 직전의 준비 루틴을 하나씩 꺼내 드는 것이다. 이처럼 반복된 감각은 '운동을 결심하는 마음' 없이도 우리를 움직이게 만든다. 동작과 감정 사이의 간격이 줄어드는 것이다. 날마다 똑같은 동작으로 출발할수록, 하기 싫은 날이 줄어든다.

이 반복의 힘은 누구에게나 적용된다. 직장인이라면 점심시간 20분, 교차로 하나를 건너 작은 공원을 도는 것부터 시작해도 된다. 주부라면 아이들을 어린이집에 데려다준 후, 집에 오는 길을 약간 우회해 한 바퀴 걷고 뛰는 코스를 만들 수 있다. 중요한 건 장소의 크기나 경치가 아니라 '내가 쉽게 접근할 수 있는가'이다.

그래서 아지트는 '나를 일으키는 최소한의 발판'이 된다. 달리기는 매일의 의지가 아니라, 쉽게 달릴 수 있는 환경 설계의 영역이다. 아지트를 고를 때 가장 중요한 조건은 가까움, 안전성, 그리고 순환성이다.

① **가까움**: 출발까지 5~10분 이내. 멀면 귀찮음이 커져 지속이 어렵다.

② **안전성**: 조명과 CCTV가 확보되어 있고, 사람의 왕래가 있는지 체크하자. 특히 새벽·야간 주자라면 필수이다.

③ **순환성**: 끊기지 않고 한 바퀴 돌 수 있는 루트가 좋다. 중간에 차도나 신호등이 많은 곳은 흐름이 끊기기 쉽다.

이런 조건을 갖춘 루트를 한두 개 만들어두면, 날씨나 컨디션에 따라 고를 수 있어 루틴 유지가 쉬워진다. 예컨대 미세먼지가 많은 날엔 아파트 단지 내 순환로, 혹은 헬스장의 트레드밀이 대체 아지트가 될 수 있다. 이를 '2호 아지트', '3호 아지트'로 정해두면 좋다. 선택지가 많을수록 계획이 덜 무너진다.

시작 루틴도 습관처럼 만들면 좋다. 예를 들어 현관 앞 러닝화 안에 양말을 넣어두기, 아침 7시에 운동 알람 대신 좋아하는 노래 설정, 운동 전 마시는 물 한 잔을 고정 루틴으로 만들기 등 이처럼 시각·청각·촉각·미각이 연결된 신호가 반복되면, 신체는 빠르게 전환된다. 결국 행동을 이끄는 건 작은 단서들의 누적이다.

아지트는 리듬을 회복시키는 기지와도 같다. 매일 같은 길을 걷고 달리는 동안, 우리는 계절의 변화와 도시의 미묘한 속도를 느낀다. '오늘은 안 될 것 같다' 싶은 날에도, 그 길 앞에 서면 발이 저절로 나아간다.

자주 묻는 질문들에 대한 팁도 함께 정리해 보자.

● Q. 비 오는 날은 어떻게 하나요?

⇒ 실내 트레드밀, 지하 주차장, 방수 운동화+아파트 계단 오르기 등으로 대응할 수 있다.

⇒ '비 오는 날만 듣는 플레이리스트'를 따로 만들면 감정적 앵커 효과가 생긴다.

● Q. 너무 지루해요. 같은 루트만 도니까 싫어져요.

⇒ 반대 방향 루트를 시도하거나, 주말마다 '새 아지트 탐색 산책'을 해보자.

⇒ 매달 한 번, '러닝 여행'처럼 다른 동네의 강변길이나 숲길을 돌아보는 것도 방법이다.

● Q. 늘 귀찮고, 자꾸 미뤄요.

⇒ 전날 옷과 신발을 미리 준비해 두어, 아침에 선택지를 없애라.

⇒ 러닝 전후의 작은 보상을 정해두면 도움이 된다. (좋아하는 커피 한 잔, 참아왔던 메뉴 먹기 등)

마지막으로, 아지트는 혼자만의 공간이기도 하지만 같은 시간대에 나오는 사람들과의 유대감도 쌓아준다. 아무 말 없이 마주치는 익명의 사람들과의 암묵적인 인사, 익숙한 눈빛 하나가 러닝 지

100세 러닝의 시작, 달리기의 오해를 깨다

속력을 높여주는 작지만 확실한 힘이 된다. 반복된 코스, 반복된 시간, 반복된 인사, 그 안에서 우리는 다시 연결된다.

오늘 귀갓길에 10분만, 동네를 천천히 돌아보자. 그 길이 나를 다시 움직이게 만들고, 일상을 단단하게 지켜주는 아지트가 될 것이다. 한 번 정해두면, 몸이 먼저 그곳을 찾아간다. 이 작은 아지트를 100년의 삶이 흔들리지 않게 지켜줄 당신의 '영구적인 기지'로 만들 수 있다.

3장

100년의 삶, 슬로 조깅으로 리듬을 되찾는 법

살다 보면 삶이 너무 빠르게 흘러가는 것처럼 느껴질 때가 있다. 해야 할 일은 끝이 없고, 화면 속 정보는 쏟아진다. 하루가 순식간에 사라질 때면, 우리는 점점 '내 리듬'이 아닌 외부의 리듬에 끌려가는 사람이 된다. 멀티태스킹 강박, 끊임없는 디지털 알림, 쉴 틈 없는 업무 마감일. 이런 것들은 내 몸의 템포를 외부에 종속시킨다. 그 결과, 우리는 자신이 진짜 무엇을 원하는지, 지금 내 몸이 쉬어야 하는지조차 모르게 된다. 그런데 달리기를 시작한 사람들은 한결같이 말한다. "이제는 내가 내 속도를 조절할 수 있게 됐어요."

슬로 조깅은 단지 느린 달리기가 아니다. 낮은 강도의 리듬은 호흡을 안정시키고, 과도한 각성을 낮추며, 주의를 다시 '지금 이 순

간'으로 데려온다. 빠른 호흡은 몸을 전투 모드로 만들지만, 느린 호흡은 회복 모드로 이끈다. 그 느림 속에서 우리는 처음으로 몸과 마음의 신호를 듣는다.

리듬이 안정되면 시간의 감각도 달라진다. 빠르게 달릴 때는 초 단위로 쪼개던 시간이, 슬로 조깅을 할 땐 묘하게 느려진다. 뇌가 현재의 감각에 집중하기 때문이다. 과학자들은 이를 '몰입 플로' 상태라 부른다. 리듬이 일정해질수록 뇌의 전두엽 활동이 줄고, 자의식이 잠시 꺼진다. 그때 우리는 시간이 멈춘 듯한 평온을 경험한다. 달리기를 오래 해온 사람이라면 누구나 아는, 땀과 숨이 고르게 이어질 때 찾아오는 그 감각과 묘한 정적의 순간. 그것이 바로 리듬이 만들어내는 시간의 확장이다.

또한, 이 몰입 상태는 창의성과 문제 해결 능력으로 이어진다. 뇌가 무의식적으로 정보를 처리하고 연결하는 시간이 늘어나기 때문이다. 복잡한 업무 문제가 달리기를 하는 동안 갑자기 해결되거나, 오랫동안 고민하던 문제의 아이디어가 떠오르는 경험을 하는 러너들이 많은 이유가 여기에 있다.

삶의 리듬은 누구에게나 다르다. 그러나 현대인의 대부분은 외부 속도에 맞춰 살아간다. 업무의 마감, 알림의 진동, 타인의 시선이 하루의 템포를 결정한다. 슬로 조깅은 그 리듬을 되돌려주는 행위이다. 음악의 템포가 곡의 분위기를 바꾸듯, 삶도 리듬에 따라 감정이 달라진다. 빠른 속도는 성취감을 줄 수 있지만 쉽게 지치게 만든다. 반면 천천히 반복되는 리듬은 안정감을 주고, 마음에 여백을 남긴다. 슬로 조깅은 바로 그 리듬을 몸에 익히게 한다.

심리학적으로도 슬로 조깅은 '예측 가능한 안정감'을 제공한다. 일정한 시간, 일정한 장소, 일정한 동작의 반복은 뇌를 안정시킨다. 불규칙한 자극 속에서도 한 가지 루틴이 유지되면, 뇌는 그 패턴을 안전한 공간으로 인식한다. 그래서 슬로 조깅을 하는 사람들은 말한다. "달리기만 하면 머리가 비워져요." 단순한 동작이지만, 그 반복 속에서 마음이 정돈된다.

달리기의 리듬은 단순히 발 구름의 박자가 아니다. 신경과학자들은 인간의 뇌가 '리듬 생명체Rhythmic Being'라고 말한다. 심장 박동, 호흡, 뇌파. 이 주기들이 일정할 때, 신체는 에너지를 가장 효율적으로 쓴다. 반대로 불규칙한 리듬은 피로와 스트레스를 만든다. 슬로 조깅은 이런 내부 리듬을 다시 정렬시킨다. 일정한 보폭과 호흡이 뇌의 알파파를 안정화하고, 스트레스 호르몬인 코르티솔을 낮춘다. 몸이 리듬을 찾으면, 마음도 제자리를 찾는다.

회사원인 한 40대 구독자는 이렇게 말했다.

"슬로 조깅은 제가 제 템포로 살아도 괜찮다는 걸 알려줬어요. 전엔 늘 조급했고, 누군가 앞서가면 불안했는데, 이제는 제가 딛는 발의 리듬이 가장 자연스럽다는 걸 느껴요."

그가 말한 20분의 러닝은 기록이 아니라 회복이었다. 하루 중 단 20분이라도 '내가 선택한 속도'로 움직이는 시간. 그 짧은 여유가 나머지 23시간의 흐름을 바꾸어 놓는다.

'리듬 회복 20분'은 이렇게 한다.

첫 5분은 빠른 걷기나 아주 느린 조깅으로 몸을 데우고, 다음 10분은 혼잣말이 가능할 만큼 편안한 호흡으로 달린다. 이때 호흡 리듬을 발걸음에 맞춰보자. 세 걸음에 숨을 들이마시고(흡), 세 걸음에 내쉬는(후) '3:3 리듬'을 시도해 보는 것만으로도 리듬의 안정감을 느낄 수 있다. 마지막 5분은 걷기로 전환해 호흡을 정리한다. 끝날 때 '조금 더 할 수 있겠다'라는 여유가 남아있다면 성공이다. 오늘 남긴 여유가 내일의 리듬을 만든다.

이 리듬을 온전히 느끼려면 외부 자극을 잠시 꺼둘 필요가 있다. 디지털 소음이 리듬을 깨뜨린다면, 달리는 동안만큼은 알림을 끄자. 음악을 듣더라도 첫 곡은 가사 없는 곡으로 시작해 호흡 박자에 귀를 기울인다. 어느 날은 무음으로, 발소리·바람·새 소리만 듣는 것도 좋다. 리듬은 밖에서 주어지는 것이 아니라, 내 안에서 깨어나는 것이기 때문이다.

삶이 어지럽고 버거운 날, 문을 열고 나가 10분만 천천히 달려보자. 리듬은 거창함으로 만들어지지 않는다. 신발 끈을 조이고 한 블록을 돌아, 다시 돌아오는 일. 그 단순한 반복이 하루의 속도를 다시 맞춘다. 당신이 가장 오래갈 수 있는 속도, 그것이 바로 당신의 리듬이다. 그리고 이 리듬은 단순히 달리기 기록을 위한 것이 아니라, 앞으로의 긴 삶을 주도적으로 이끌어갈 '내면의 속도계'를 재설정하는 결정적인 기술이 된다.

4장

100세 러닝을 시작한 사람들의 놀라운 변화

아래 이야기는 내 유튜브 댓글과 현장에서 만난 구독자들이 들려준 변화들이다. 나이도, 직업도, 출발점도 다르지만 공통점은 하나였다. 속도를 낮추자 '계속할 수 있었다'는 것이다.

1. 30대 중반의 워킹맘

"새벽 2, 3시에 매번 깼는데, 요즘은 알람 소리에 깨요."

그녀는 육아와 업무 사이에서 늘 과열돼 있었다. 만성적인 피로와 함께 찾아온 번아웃 증상으로 몸은 피곤해 미칠 지경인데도 깊은 잠이 어려워 새벽에 여러 번 깼고, 아침에는 다시 밤을 마주한 느낌이었다. 일상적인 스트레스는 감정 조절을 어렵게 만들었고, 사소한 일에도 쉽게 폭발하는 자신을 보며 좌절했었다. 어느 주말, 유

모차 산책을 하던 길을 슬로 조깅 루트로 바꿨다. 공원 입구에서 신발 끈을 한 번 더 조이고, 아이와 두런두런 대화할 수 있는 정도의 속도로 공원 한 바퀴. 처음엔 '운동이라기보다 아이와 바람 쐰다'는 마음으로 나갔고, 힘들면 중간중간 걸으며 호흡을 되찾았다. 마무리는 다시 걷기, 부담스럽지 않았다.

3주쯤 지나자 변화가 보였다. "저녁에 20~30분 정도 뛰고 씻으면, 아이와 함께 나도 그냥 잠들어요. 새벽 2, 3시에 꼭 깨던 제가, 이제는 알람 소리에 깨요." 그녀는 슬로 조깅이 마치 '수면 유도제'처럼 작용했다고 말했다. 그녀는 가장 큰 변화를 수면의 질에서 느꼈다고 했다. 충분한 수면은 하루에 쓸 수 있는 인내심의 양도 늘렸다. "같은 상황인데 덜 폭발해요. 호흡을 한 번 더 고르게 되거든요."

2. 혈당이 무서웠던 50대 초반의 직장인

"식후 10분이 제 혈당 가드가 됐습니다."

건강검진에서 공복혈당이 경계치로 올라갔고, 점심 후 졸림이 심해 업무 집중이 무너졌다. 특히 중요한 회의 시간마다 몰려오는 식곤증 때문에 업무 퍼포먼스에 큰 영향을 받았고, 매번 불안감을 느꼈다. 그는 평일 주 3회 출근 전 30분 슬로 조깅(페이스는 신경 끄기)과 매일 점심과 저녁 식사 뒤에는 10~15분의 부드러운 걷기를 병행했다. 한 달 뒤부터 본격적인 몸의 변화가 시작되었다. "오후의 졸림이 거의 사라졌어요. 저녁 폭식도 줄고요." 식후 가벼운 움직임이 혈당 스파이크를 효과적으로 막아준 것이다. "1년 만에 받은 건강검진에서 혈당 수치가 정상범위로 돌아왔어요." 당화혈색소^{HbA1c} 수치도 경계 범위에서 정상범위로 내려왔다고 한다. 약물 없이 오직 '느린 움직임'으로 이뤄낸 결과였다.

3. 불안 때문에 집중력이 떨어졌던 20대 대학생

"공부 전에 폰을 내려놓고 달리고 와요."

공무원 준비를 하며 책상 앞에 앉으면 손이 자동으로 휴대폰으로 갔다. 휙휙 손가락을 넘기다 보면 30분이 훌쩍 지나고, 도무지 공부가 되지 않았다. 공부해야 한다는 강박과 현실의 괴리가 불안감을 키웠고, 그 불안을 스마트폰이라는 '디지털 도피처'로 해소하려 했던 것이다. 그는 '공부 전 30분을 스마트폰 대신 달리기로' 스스로에게 약속했다. "그렇게 달리고 돌아오면 마음속 소음이 반으로 줄고, 책상 앞에 앉았을 때 훨씬 집중이 잘된다는 것을 느꼈어요." 슬로 조깅을 하는 동안 뇌의 디폴트 모드 네트워크가 활성화되어 잡념이 사라졌기 때문이다. 그렇게 2년이 지났고 공무원 시험에 당당히 합격했다. 이제 그는 하프 마라톤을 준비하고 있다.

4. 무릎 건강이 걱정되었던 50대 중반의 러너

"걷기에서 조깅으로 넘어온 순간이 인생의 전환점이었어요."

무릎이 걱정돼 늘 걷기만 했다. "달리기는 위험하다"는 말도 많이 들었다. 오래 걸으면 무릎이 시큰거렸고, 계단을 오르내릴 때마다 찌릿한 통증을 느꼈다. 이 통증 때문에 좋아하는 등산이나 여행

도 망설이곤 했다. 그러다가 동네 공원에서 달리기-걷기의 반복을 30초~90초간 시도했다. 보폭을 좁게 하고, 걷듯이 천천히, 시선은 10~15m 앞 바닥. 목표는 단 하나, 숨이 편안하도록 가능한 만큼만 달리자. 숨이 차오르면 다시 걷자. 한 달 뒤, 30초 달리기가 2분이 되었고, 1년이 지나자 쉬지 않고 60분 달리기가 가능해졌다. "가장 좋았던 건 무릎 나갈까 봐 무섭던 마음이 줄었다는 거예요. 심지어 오래 걷기만 해도 아프던 무릎이 이제는 하나도 아프지 않아요." 그는 무릎 통증이 사라지면서, 10년 전 포기했던 취미인 마라톤을 다시 시작할 꿈을 꾸게 되었다고 덧붙였다.

5. 허리 통증으로 고생하던 40대 중반의 여성
"빠르기보다 부드럽게가 정답이었네요."

세 번이나 달리기를 시작했다가 허리 통증으로 포기했다. 특히 통증이 심한 날은 침대에서 일어나기조차 힘들었고, 그때마다 '다시는 달리지 않겠다'고 다짐했었다. 하지만 주변에서 달리기 후 허리가 좋아졌다는 말을 많이 들어 포기할 수 없었다. 이번엔 속도에 더 신경을 써 보기로 했다. 그동안 너무 빠르게 뛰려고 노력했다는 것을 깨달았기 때문이다. 보폭을 줄이고, 팔을 조금 더 천천히 흔들어 케이던스(분당 보폭 수)를 안정시켰다. 속도를 내린 후 통증이 약해졌다. 미세한 통증이 느껴지면 2~3일 정도 쉬었다 다시 달렸다. "예전엔 끝나고 허리 찜질부터 했는데, 이젠 샤워하고 바로 일상으로 돌아와요." 미세한 속도의 변화가 다음 날 또 나갈 수 있게 만든 것이다. 3년이 지나고 그녀는 풀코스 마라톤에서도 완주 메달을 목에 걸었다. 허리 통증은 더 이상 나타나지 않았다. 슬로 조깅이 그녀에게 '기록을 위한 경쟁'이 아닌 '몸을 위한 회복'에 대해 가르쳐준 것이다.

다섯 이야기는 같은 결론을 보여준다. 속도를 낮추자 변화가 따라왔다. 편안한 호흡으로 짧게, 자주 움직였을 뿐인데 밤에 자주 깨던 수면이 이어지고, 식후의 무거움이 덜하고, 무릎의 불편은 줄고, 장시간 달릴 수 있는 몸으로 바뀌었다. 기록을 향해 밀어붙이는 의지가 아니라 느린 페이스·짧은 거리·작은 반복이 하루의 질을 바꿨다.

슬로 조깅은 거창한 결심이 아니라, 오늘 가능한 속도로 한 바퀴 도는 데서 시작된다. 이러한 변화는 단순히 '운동 좀 했다'는 만족감을 넘어, 앞으로 남은 50년, 60년의 삶을 주도적으로 건강하게 살아낼 수 있는 '100세 러닝'의 가능성을 활짝 열어줄 것이다.

Part
2

무리
없이
시작하는

평생
달리기
원리

1장

평생 달리기 경제학:
느림이 가장 오래가는 이유

나는 나의 두 번째 달리기에서 속도를 내려놓기로 마음먹었다. 그 첫 출발은 손목 위 시계를 보지 않는 것에서부터 시작했다. 이제부터 거리나 숫자보다는 내 호흡 소리에 집중하기로 한 것이다. 발소리와 호흡의 흐름만 믿고 천천히 움직이기 시작했다. 신기하게도 첫 10분이 지나자, 몸이 어제와 다르게 반응했다(첫 10분을 쉬지 않고 달렸다는 것부터가 신기했지만…). 허리에서 어깨로 올라붙던 긴장이 풀리고, 주위 풍경이 또렷이 보이기 시작했다. 나는 그날 쉬지 않고 30분을 달렸다. 달렸다는 표현이 민망할 정도의 속도였지만 어쨌든 내게는 달리기였다.

속도를 낮춘다는 건 달리기의 '연비'를 높이는 행위다. 빠름이 '고성능'이라면, 느림은 '장거리 주행의 경제성'이다. 속도를 낮추어야 하는 이유는 거창하지 않다.

첫째, 에너지의 효율성이 극대화된다. 호흡에 여유가 생기는 것이다. 강도를 조금만 줄여도 산소가 충분히 들어오고, 몸은 서두르지 않고도 에너지를 만든다. 급히 타올랐다가 금방 꺼지는 성냥불이 아니라, 타닥타닥 오래가는 장작불 같은 상태이다. 이 느린 속도에서는 지방이 주 연료로 쓰이는 비중이 획기적으로 커진다. 이는 운동생리학에서 말하는 '크로스오버 개념Crossover Concept'과 일치한다. 즉, 운동 강도가 낮을수록 몸은 지방을 주 연료로, 강도가 높을수록 탄수화물을 주 연료로 사용하도록 설계되어 있다. 지방은 탄수화물(글리코겐)보다 몸에 훨씬 더 많이 저장되어 있는 무한한 에너지원이다. 달리기의 진짜 경제학은 바로 이 지방을 태우는 능력에서 시작된다. 이때는 지방을 연료로 쓰는 비중이 커지고, 저장고(글리코겐)는 아껴둔다. 그래서 "확실히 덜 힘든데, 오래간다"는 느낌이 온다.

둘째, 우리 몸의 '수리 비용'이 줄어든다. 빠르게 달릴수록 보폭이 커지고, 발이 앞으로 멀리 나가면서 착지 순간의 충격이 커진다. 이 충격은 달리기를 포기하게 만드는 가장 큰 원인인 무릎과 발목의 염증을 유발한다. 속도를 낮추면 보폭이 자연히 짧아지고 접촉의 충격이 부드러워져 무릎·발목이 덜 놀란다. 훈련이 끝난 뒤에도 욱신거림 대신 개운함이 남는 이유이다.

셋째, 마음이 놓인다. '민망할 만큼 느리다'라는 생각이 스치더라도, 호흡이 안정되면 부담이 사라진다. 그 안정감이 다음 날의 출발을 가볍게 만든다. 느림은 오늘의 달리기 습관을 내일로 이어갈 수 있는 '가장 확실한 힘'이 된다.

그럼에도 달리기에 익숙해질수록, '빨라야 효과가 있는 것 아닐까' 하는 생각이 은근히 다시 올라왔다. 특히 러닝 앱에 찍힌 느린 속도나, 나를 추월해 가는 다른 러너들을 보면서 어떨 때는 속도의 유혹을 참지 못하기도 하였다. 그래서 슬금슬금 속도를 올리며 그들과 함께 뛸 때 뿌듯한 기분이 들기도 했다. 하지만 늘 비슷한 결말이었다. 예상 못 한 통증이 찾아오게 되면 어쩔 수 없이 며칠을 쉬어야 했다. 때로는 몇 주가 흐르기도 했다. 그러면 어김없이 조급함이 찾아왔다. 이러다 다시 예전의 나로 돌아가는 것 아닐까? 이때 '빨리 뛰려다 부상으로 쉬는 시간'이 '천천히 뛰었을 때 얻는 누적 시간'보다 훨씬 손해라는 냉정한 계산을 했다. 느림은 기록을 위한 희생이 아니라, 평생 달리기를 위한 투자라는 마인드셋 전환이 필요했다. 결국 다시 속도를 낮춘 뒤에야 비로소 알게 됐다. 러닝은 한두 번의 질주가 아니라 생활의 리듬이라는 것을.

'얼마나 느려야 하냐'라는 질문을 많이 받는다. 기준은 간단하다. 바로 호흡을 신경 쓰지 않아도 될 정도로 편안한 속도이다. 중간에 호흡이 거칠어지면 보폭만 살짝 줄여 리듬을 되찾자. 자세한 설명은 PART 3의 1장에서 확인할 수 있다.

속도를 낮추면 '자세가 망가지지 않을까?' 걱정하는 이들도 있다. 하지만 경험상, 자세를 흐트러뜨리는 건 느림이 아니라 과속이다. 숨이 가빠지면 어깨가 들리고 몸이 요동친다. 반대로 부담이 낮아지면 불필요한 힘이 빠지고 움직임이 정돈된다. 느림은 자세를 무너뜨리는 게 아니라 자연스럽게 정리해 준다. 구체적인 자세와 착지의 원리는 PART 3의 3장에서 다룬다.

속도를 늦추는 건 기록을 포기하겠다는 뜻이 아니다. 오히려 반대다. 슬로 조깅은 '심폐 능력'이라는 달리기 통장의 잔고를 채우는 행위다. 오래 달릴 힘이 생기면, 나중에 속도를 올릴 바탕이 생긴다. 경제성이 좋아진 심장, 길게 숨 쉬는 버릇, 부드럽게 이어지는 리듬의 기반이 갖춰져야 속도 훈련을 해도 무너지지 않는다. 나 역시 속도를 올리고 싶어질 때가 있었다. 그럴수록 기본으로 돌아갔다. 편안한 페이스로 충분한 시간을 쌓고 나니, 어느 날 계절이 바뀌듯 자연스럽게 전체 리듬이 가벼워졌다. 목표에 다가가는 길은 한 번의 스퍼트가 아니라 편안한 러닝을 꾸준히 이어 온 결과였다.

무엇보다 속도를 낮추면 달리기가 생활 속의 쉼표가 된다. 어떤 날은 마음이 정리되고, 어떤 날은 세상이 조금 더 밝게 보인다. 뛰는 동안 떠오른 아이디어를 잊지 않으려고, 나는 집 앞 벤치에 잠깐 앉아 폰에 메모를 남기곤 한다. 이런 단순한 기록이 쌓이면서 내가 하는 일에도 좋은 영향을 준다. 또 다른 차원에서 나를 달리게 한 동력이다.

오늘이 덜 고되니 내일이 이어지고, 내일이 이어지니 한 주의 총량이 커진다. 느린 러닝의 진짜 힘은 지속성의 곱에서 나온다. 자세를 무너뜨리는 건 느림이 아니라 억지 속도다. 불필요한 힘이 빠지면 몸은 경제적인 패턴으로 스스로 수렴한다. 마지막으로 "기록은 언제 오르나"라는 질문이 남는다. 아이러니하지만, 기초 지구력을 천천히 쌓아야 속도를 올릴 안전한 바탕이 생긴다. 바탕이 튼튼하면 기록은 따라온다.

평생 달리기의 경제학은 복잡하지 않다. 오늘 무리해서 '단기 대출'을 쓰지 않고, 매일 편안하게 '장기 적금'을 넣는 것과 같다. 이 안정적인 적금이야말로 100세까지 우리 몸을 움직이게 할 가장 확실한 자산이다.

혹시 시작이 망설여진다면, 작은 실험을 권한다. 일주일만, 시계는 확인용으로만 두고 '호흡이 급해지지 않는 편안한 범위 안에서 10~20분 정도 몸을 움직여 본다'라는 마음으로 나가보자. 걷기든 달리기든 상관없다. 중요한 건 무리하지 않는 경험을 쌓는 것이다. 끝났을 때 숨이 편안하고 내일도 다시 나가고 싶다는 생각이 든다면, 그게 바로 성공이다. 구체적인 루틴과 시간 조율법은 PART 3의 실천 파트에서 자세히 다루도록 하겠다.

속도를 낮추는 건 용기의 문제다. 남의 눈보다 내 호흡을 믿겠다는 결심, 오늘의 과속을 내일의 루틴으로 바꾸겠다는 선택. 그 선택이 쌓이면 달리기는 더 이상 힘겨운 의무가 아니다. 하루를 정리하고, 다음 날을 준비하는 작고 확실한 의식이 된다.

2장

속도 대신 지속의 법칙: 3개월간 몸이 달라지는 다섯 가지 신호

천천히 달리기를 몇 달간 이어가 보니 눈에 먼저 들어온 건 저울의 숫자뿐 아니라 하루의 결이 달라졌다는 점이다. 저녁에 돌아와 샤워를 마치면 마음 안쪽에서 '오늘도 뭔가 해냈다'라는 신호가 또렷했고, 밤엔 잡생각이 길게 늘어지지 않았다. 아침엔 기지개가 자연스럽게 나오며 미소가 지어졌다. 이러한 '하루의 결'의 변화야말로 앞으로의 삶을 단단하게 지탱해 줄, 눈에 보이지 않는 가장 큰 자산이다. 이런 소소한 체감이 슬로 조깅의 변화를 여는 문이 되는 것이다.

그럼에도 불구하고 체중의 변화에 대해 먼저 이야기하는 게 좋겠다. 사람들이 가장 먼저 궁금해지는 게 "살은 빠지나?"이기 때문

이다. 그때마다 나는 "당연히 빠진다. 다만 방식과 속도가 다르다"라고 말한다. 나도 시작 몇 달 만에 체중이 10kg 가까이 빠졌다. 너무 당연한 결과였다고 생각한다. 슬로 조깅은 몸에 부담을 줄여줬고, 그렇기에 움직이는 총량이 많아졌다. 평소보다 1시간 먼저 일어나 달리기로 하루를 시작했고, 그 루틴을 지키기 위해 늦은 밤 술자리를 줄이고 간식을 먹는 숫자도 줄였다.

달리기의 에너지 소모는 속도보다 거리에 더 좌우된다. 대략 '몸무게^{kg}×달린 거리^{km}=소모 칼로리^{kcal}'로 잡아도 큰 무리는 없다. 70kg인 사람이 편안한 페이스로 5km를 달리면 약 350kcal 안팎. 숨이 거칠지 않으니, 같은 5km라도 몸이 덜 지친다.

이걸 일주일에 세 번만 해도 1,000kcal 이상이 소모된다. 여기에 늦은 밤 간식 반 접시를 덜 먹거나 인공 감미료가 잔뜩 들어간 음료를 물로 바꾸는 작은 조정이 더해지면, 한 달에 지방 0.5~1.0kg 정도를 무리 없이 줄일 수 있다. 이 속도가 느리게 느껴질지 모르지만, 석 달, 넉 달이 지나면 체형이 눈에 띄게 달라진다. 내 체중 변화도 이런 식으로 서서히 일어났다.

슬로 조깅이 체중 감량에 좀 더 유리한 이유는 소모 칼로리 자체보다 지속성과 식욕 신호에 있다. 숨이 편한 강도로 달리면 운동 뒤 급격한 허기가 덜하다. 고강도 인터벌처럼 몸이 '생존 위기'를 느끼면 코르티솔 수치가 오르면서 폭식을 유도하는 신호가 강하게 오는데, 슬로 조깅은 이 유혹을 애초에 차단하는 것이다. 늦은 밤에 덜

먹으면 잠의 질이 높아지니 다음 날의 식욕도 과하게 요동치지 않는다. 하루 전체의 움직임도 자연히 늘어난다. 이런 요소들이 합쳐져 '먹는 양은 조금 더 덜고, 움직임은 조금 더'라는 긍정적 변화가 매일 재현된다. 체형과 식습관의 흐름이 자리 잡으면, 체중도 천천히 그 변화를 확인해 준다.

심폐 쪽 변화는 조금 뒤에 찾아온다. 어느 날부터 같은 코스를 같은 느낌으로 달리는데도 숨이 급격히 들썩이지 않고, 가슴의 고동이 차분하게 올라간다. 기록 앱엔 소폭의 변화로 찍히겠지만, 몸은 좀 더 분명하게 신호를 준다. 기술적으로 말하면 한 번의 수축으로 밀어내는 혈액량(박출량)이 조금씩 늘고 자율신경의 균형이 안정돼, 같은 일을 해내는 데 필요한 박동 수가 줄어드는 것이다. 그래서 더 차분하게 움직일 수 있게 된다.

숫자로 확인하고 싶다면 두 가지만 보면 충분하다. 첫째, 달리기를 멈춘 직후 1분 동안 심박이 떨어지는 폭이 커진다. 나같은 경우 초기에는 1분에 18~20bpm 정도 내려가던 것이 몇 달 뒤에는 30bpm 안팎으로 넉넉해졌다. 둘째, 아침에 일어나 바로 잰 안정 심박이 서서히 낮은 구간으로 자리를 옮긴다(얼마나 내려가는지는 개인차가 크다). 이 두 지표가 완벽하지는 않지만, '어제보다 오늘이 더 수월하다'라는 감각과 함께 움직이면 꽤 신뢰할 만한 나침반이 된다. 무엇보다도 체감은 일상에서 먼저 나타난다. 예전엔 전화받으며 계단을 오르면 호흡이 금세 어지러워졌는데, 요즘은 계단으로

13층까지 올라가면서도 대화를 이어가기 편하다. 그 여유가 바로 심폐가 단단해지고 있다는 신호다.

정서와 수면 또한 빠르게 반응한다. 숨이 편한 리듬 운동은 신경계를 흥분시키기보다 가라앉힌다. 달리고 돌아오면 머릿속이 정돈되고, 밤엔 눕자마자 잠으로 연결되기 쉽다. 거기다 다음 날의 집중력이 길게 유지되는 경험을 하다 보면, 달리기는 '해야 하는 일'에서 '도움이 되는 습관'으로 자리를 바꾼다.

달리는 시간이 쌓이면 노화와 관련된 지표들도 천천히, 그러나 분명히 긍정적인 방향으로 움직인다. 규칙적인 저강도 유산소는 혈관 안쪽을 부드럽게 열어주고 혈액 흐름을 매끈하게 만든다. 그래서 혈압의 하루 변동 폭이 좀 더 잔잔해지고, 공복 혈당과 중성지방 같은 숫자들이 정상 범위 쪽으로 자리 잡는다. 특히 뼈와 관절 건강은 슬로 조깅의 핵심이다. 이는 '울프의 법칙Wolff's Law'으로 설명할 수 있는데, 뼈는 적절한 부하가 가해질 때 오히려 더 단단해지도록 설계되어 있다. 근육과 뼈에 슬로 조깅의 '가벼운 자극'이 반복해서 전달되면, 이 신호가 뼈의 골밀도BMD를 유지하고 근육의 탄력을 지키는 신호가 된다. 종아리와 엉덩이 근육이 꾸준히 쓰이니 걸음의 탄력과 균형감이 살아나고, 나이가 들수록 중요한 '하체의 힘'이 같이 따라온다.

나 역시 몇 해를 지나고 보니 건강검진표에서 눈에 띄던 경고등이 하나둘 사라졌고, 환절기에도 몸이 크게 흔들리지 않았다. 면역

쪽 체감도 있었다. 예전엔 계절 바뀔 때마다 감기 기운이 길게 붙잡고 늘어졌는데, 지금은 목에 칼칼한 신호가 와도 며칠 안에 잦아든다. 수면이 깊어지고 하루의 긴장이 낮아지니, 몸 안의 '미세 염증' 바닥 선이 내려간 듯한 안정감이 생겼다. 큰 도약 대신 작지만 끊기지 않는 상승곡선, 그게 슬로 조깅이 가져다준 가장 현실적인 선물이었다.

이런 변화들이 나타나는 시점은 대략 이렇다. '지속의 3단계 신호'라고 부르는데, 처음 2주 안팎엔 기분 전환과 수면의 질이 먼저 달라진다(1단계: 심리적 변화). 4~6주가 지나면 같은 코스가 덜 벅차게 느껴지고, "이 정도가 나한테 맞다"는 감각이 선다(2단계: 감각적 변화). 8~12주쯤엔 아침 맥박이나 운동 후 회복 속도처럼 눈에 보이는 작은 수치 변화가 따라온다(3단계: 수치적 변화). 사람마다 시기는 다르지만, 결국 오래 가게 만드는 건, 남의 눈이 아니라 '이게 내 페이스'라는 내적 확신이다. 그 확신이 생긴 날부터 달력의 빈칸들이 먼저 보이고, 신발 끈에 손이 먼저 간다.

변화를 더 정확히 잡아내고 싶다면 운동을 마치고 메모장에 몇 줄 써두자. 오늘 호흡이 매끄러웠는지, 발 디딤 소리가 너무 크지는 않았는지, 자는 도중 깼는지 여부 등을 적어 놓는다. 이런 메모가 좋은 방향을 알려준다. 예컨대 발 구름 소리가 커진 다음 날엔 보폭을 좀 더 줄여 리듬을 정돈하고, 밤잠이 얕아진 주엔 강도를 한 단계

잭 H. 윌모어 외, 『운동과 스포츠 생리학』, 이원준·김기진 외 옮김, 대한미디어, 2023.

무리 없이 시작하는 평생 달리기 원리

내려 누적 피로를 덜어낸다. 이렇게 감각이 방향을 잡으면, 수치는 그 선택에 의미를 보태줄 것이다.

슬로 조깅의 변화는 거대한 도약이 아니라, 하루를 다시 짜는 작은 반복에서 시작된다. 오늘 무리하지 않아서 내일이 이어지고, 그 내일들이 줄지어 설 때 비로소 큰그림이 바뀐다. 느리게 달리면 오래갈 수 있고, 오래가면 하루가 달라진다. 체중과 식욕 안정, 심폐 회복력 증대, 깊은 수면, 노화 지표 개선, 미세 염증 감소 등의 변화를 꾸준히 확인해 보자. 소소하지만 눈에 보이는 확실한 숫자들이 어쩌면 평생 러너로 이끄는 하나의 이정표가 되어줄 것이다.

3장

세계가 택한 생존 전략: 존2 러닝의 확산과 과학적 근거

몇 해 전, 출장으로 간 상하이의 한 공원에서 아침을 맞았다. 중국 출장이 잦았던 터라 그 공원을 달리는 것이 내 출장 일정의 루틴이 되어있었는데 그날 보이는 풍경은 달랐다. 이전에는 공원 곳곳에서 어르신들이 모여 태극권을 하거나 걷는 사람들이 주로 보였다면, 그날은 검은 러닝 바지에 운동화를 신고 달리는 청년, 유모차를 밀며 천천히 달리는 엄마, 허리를 곧게 세우고 조심조심 달리는 노년의 러너까지, 다양한 형태의 러너들이 공원을 채우고 있었다. '와 이제 중국도 달리기를 시작하는구나. 그런데 역시나 느린 달리기다.' 그 장면이 내 머릿속에서 오래 지워지지 않았다. 그날 이후 나는 생각했다. 세계는 이제 속도를 늦추는 법을 배우고 있는지도 모르겠다고 말이다.

실제로 세계 곳곳에서 느린 달리기가 유행처럼 번지고 있다. 일본에선 '니코니코 페이스(웃을 수 있는 속도)'라는 말이 널리 알려진 표현으로 자리 잡았고, 영국에서 시작한 파크런은 주말 아침 5km의 개방된 공원을 러너들의 놀이터로 바꿔 놓았다. 목표는 기록이 아니라 '함께 완주'이다. 걷거나, 천천히 달리거나, 중간에 서서 사진을 찍어도 아무도 눈치 주지 않는 분위기다. 북미와 유럽의 운동 커뮤니티에서는 최대 심박수의 약 60~70% 구간을 달리는 방식인 '존2^{Zone 2}'라는 말이 낯설지 않다. 숨이 들뜨지 않는 강도로 길게 시간을 채우는 저강도 유산소가, 장거리 선수뿐 아니라 일반인의 건강 루틴으로 자리 잡았다. 이 존2 구간이야말로 몸의 에너지 공장인 '미토콘드리아'의 기능을 최적화하는 구간이다. 느린 속도가 미토콘드리아의 수를 늘리고 지방 연소 능력을 획기적으로 개선하여, 결과적으로 100세까지 지치지 않고 달릴 수 있는 에너지 기반을 닦아주는 것이다. 물리치료와 스포츠의학 현장에서도 복귀 프로그램의 첫 단추는 대개 걷기와 느린 달리기 사이를 오간다. 서두르지 않고 신체의 감각을 되찾는 것이야말로 가장 멀리 가는 길이라는 사실을, 현장과 연구가 동시에 확인하는 중이다.

흥미로운 점은 엘리트들이 이미 오래전부터 느림의 효율을 몸으로 증명해 왔다는 사실이다. 정상급 선수들의 훈련 일지를 들여다

잭 H. 윌모어 외, 『운동과 스포츠 생리학』, 이원준·김기진 외 옮김, 대한미디어, 2023.

보면, 눈부신 레이스를 떠받치는 토대가 놀랄 만큼 많은 느린 달리기로 이루어져 있음을 알 수 있다. 고강도 훈련은 짧고 날카롭게 가져가고, 나머지는 철저히 편안하게 달리는 양극화 훈련을 통해 천천히 달려야 더 빨라질 수 있다는 단순한 원리를 세계 최정상 선수들이 직접 증명해 온 것이다. 마라톤 세계 기록 보유자들조차 주간 훈련량의 80% 이상을 존1~존2 강도에서 소화하는 것으로 알려져 있는데 생활 러너에게야 더 말할 필요가 있을까. 우리에겐 기록보다 '내일 또 할 수 있음'이 더 중요하다.

도시도 이 변화를 넓힌다. 점심시간 30분 회사 크루 런, 퇴근 후 동네 한 바퀴 커뮤니티 런, 초보자용 '걷기+달리기' 프로그램 등의 공통점은 달리기에 대한 진입 장벽을 낮춘다는 것이다. '끝에 힘을 남겨 마무리'가 규칙이 되면 운동은 성취 과제가 아니라 생활의 일부가 된다. 러닝 클럽의 규칙도 바뀌었다. 앞사람의 등을 쫓는 경쟁보다, 옆 사람의 숨에 맞추는 연대. 누군가는 걷고, 누군가는 천천히 달리고, 컨디션에 따라 중간에 빠져도 환영받는 분위기. 이 포용성이 달리기에 대한 문턱을 낮췄다.

의료·재활 영역에서도 '느리게 오래'의 가치는 커졌다. 심장 재활, 대사증후군 관리, 근골격계 회복 프로그램의 초기 단계는 대부

분 저강도 지속운동이다. 이유는 간단하다. 안전하고, 설명이 쉽고, 병원을 떠난 뒤에도 같은 방식으로 일상에서 이어갈 수 있기 때문이다. 숨이 가쁘지 않은 달리기는 환자·고령자·운동 초보자 모두가 공유할 수 있는 언어다. 한 번 배운 리듬은 집 앞 산책로에서도 그대로 적용 가능하다.

고령사회가 앞선 지역에서는 슬로 조깅이 활동적인 노년을 위한 실용 도구로 자리 잡았다. 짧은 보폭의 리듬은 하체 안정성에, 유지 가능한 심박 구간은 혈압·혈당·지질 개선에, 규칙적인 호흡은 자율신경 안정과 수면 개선에 기여한다. 장비·시설 의존도가 낮아 동네 산책로에서도 충분히 가능하고, 두세 명이 함께 움직일 수 있어 사회적 고립도 줄인다. '오래 가야 한다'는 목표 앞에서, 느림은 가장 현실적인 해법이 된다. 이처럼 느림을 택한 것은 '오래 사는 삶'을 '오래 움직이는 삶'으로 바꾸기 위한 전 세계적인 생존 전략이다.

기술은 느림을 돕는 좋은 도구다. 스마트워치 하나로 심박수, 페이스, 보폭, 회복 상태까지 실시간으로 확인할 수 있고, 이런 데이터는 훈련을 보다 효율적이고 안전하게 만든다. 몸의 변화를 눈으로 확인할 수 있다는 점에서 초보자에게는 든든한 안내서가 된다. 특히 스마트워치가 경고음과 함께 심박수가 존3 이상으로 넘어갈 위험을 알려줄 때, 속도를 낮추라는 강력한 '안전 신호'로 작용한다.

World Health Organization, WHO Guidelines on Physical Activity and Sedentary Behaviour (Geneva: World Health Organization, 2020).

하지만 데이터를 맹신하자는 이야기는 아니다. 숫자는 감각을 보완할 뿐, 기준이 되어서는 안 된다. 호흡이 거칠거나 어깨가 굳었는데도 그래프가 '정상'이라면, 믿어야 할 건 수치가 아니라 몸이다. 기술은 길을 비춰주지만, 방향은 결국 내가 정한다.

기술은 또 다른 장점도 준다. 대체 옵션을 쉽게 제시해 준다는 것이다. 미세먼지 경보가 뜨면 트레드밀을 '경사 1%+느린 속도'로 놓은 다음 실내에서 운동하고, 바쁜 날엔 10분 걷기+10분 슬로 조깅으로 운동을 쪼갠다. 한 번의 완벽 대신 여러 번을 충분히 할 수 있게 하는 도구가 된 셈이다. 그렇다면 왜 지금 존2 러닝이 이런 각광을 받게 되었을까?

첫째, 목표가 달라졌다. 예전에는 기록표에 남는 숫자가 주인공이었다면, 지금은 하루를 버티는 힘과 밤의 잠처럼 생활 지표가 기준이 된다. 많은 사람이 대회 메달보다 '퇴근 후에도 대화할 에너지'를 원한다. 혈압약·혈당약을 당장 끊겠다는 다짐보다, 의사와 상의하며 수치의 요동을 줄이는 생활 패턴을 만들려 한다. 이런 목표 앞에서 '조금 덜 쓰고 내일 또 쓰는 방식'은 설득력이 크다. 무릎과 허리를 아껴야 하는 세대, 출산·육아로 공백이 길었던 사람들, 장시간 앉아있는 직장인에게 무리 없이 이어지는 저강도 러닝은 가장 실용적인 해법이 된다.

둘째, 우리는 번아웃의 시대를 살고 있다. 해야 할 일은 늘어났

지만 회복의 틈은 얇아졌다. "더 빠르게!"라는 구호는 마음속 할 일 목록에 또 하나의 숙제를 얹는다. 반대로 숨이 들뜨지 않는 리듬의 운동은 몸을 움직이면서도 머리를 쉬게 한다. 퇴근 뒤 20분만 가볍게 운동해도 생각의 소음은 낮아지고, 불을 끄고 누우면 금세 잠에 든다. 이렇게 축적된 정신적 이득은 운동을 성과가 아니라 '훌륭한 휴식 습관'으로 바꾼다. 그 결과, 꾸준함을 가로막아 왔던 귀찮음과 죄책감, 그리고 비교의 감정이 한결 줄어든다.

셋째, 불확실한 일상에서 '내가 설계할 수 있는 습관'의 가치가 커졌다. 날씨가 바뀌고 일정이 흔들려도, 15~30분짜리 가벼운 러닝은 어디서든 꺼내 쓸 수 있는 안정 장치가 된다. 집 앞 블록을 한 바퀴 도는 일이나 트레드밀의 아주 낮은 속도, 사무실 계단 몇 층을 오르는 움직임처럼 형태는 달라도 자극의 질은 같다. 시간을 길게 비워야 하는 고강도 세션과 달리, 저강도 러닝은 쪼개거나 다른 움직임으로 대체하기가 쉬워 유지율이 높다. "못 했다"가 아니라 "조금이라도 했다"로 하루를 끝내는 경험이 쌓이면, 자기 효능감은 생활 전반을 끌어올린다.

넷째, 커뮤니티의 규칙이 바뀌었다. 속도를 못 맞추면 뒤처지는 모임보다, 아무도 놓치지 않는 방식이 보편화되고 있다. 걷기와 달리기를 섞어도 환영받고, 컨디션이 무거운 날은 자연스럽게 속도를 낮춘다. 박수는 기록 인증이 아니라 "오늘도 나왔다"에 쏟아진다.

다양한 연령·체형·목표가 한 그룹에 공존하는 장면도 더이상 낯설지 않다. 이 포용의 문화가 문턱을 낮추고, 한 번 들어온 사람이 오래 머물게 만든다. 느린 페이스는 훈련법을 넘어 사람을 붙잡는 언어가 되었다. 이러한 공동체의 지지야말로 달리기를 포기하지 않게 해주는 사회적 안전망이다.

한국의 공원과 하천길에서도 이 흐름은 뚜렷하다. 주말 새벽, 기록을 노리는 팀과 같은 시간에 '느림 모드'로 모이는 소규모 그룹이 함께 많아졌다. 서로의 속도를 맞추기보다 각자의 호흡을 존중하는 모임들. 그들은 한 바퀴마다 물 한 모금을 권하고, 몸이 무거운 날엔 자연스레 걷기로 내려서며, 컨디션이 좋은 날엔 조금 더 길게 이어간다. 달리기가 누군가를 이기는 방식에서 '오늘의 나'를 다시 만나는 방식으로 바뀌고 있다는 증거다. 나 역시 그런 모임에서 출발해 오래 달릴 수 있었다. 부담 없이 모이고, 마지막 스트레칭을 하며 나누는 "또 보자"라는 인사가 진심이 되는 순간들을 수없이 지났다. 첫 책을 낸 뒤 메일함으로 들어온 사연들도 이 변화를 증언한다. 야근이 잦은 직장인, 출산 후 다시 몸을 움직이고 싶다는 엄마, 체력장 트라우마가 있던 마흔 살 아빠. 그들이 공통으로 적어 보낸 문장은 비슷했다. "천천히 달려도 조급하지 않으니, 매일 하게 됐어요." 큰 프로그램보다 "오늘 15분, 내일 20분" 같은 작은 지속이 사람을 바꾼다.

정리하자면, 느림은 유행이 아니라 관점이다. 기록을 포기하자

는 뜻이 아니다. 시작과 지속이 가능한 방식을 우선하자는 제안이다. 속도를 낮추면 주변이 또렷해지고 사람이 들어오고, 다음 날 다시 나갈 힘이 남는다. 그리고 그다음 날들이 줄지어 설 때, 빠름을 원하는 이에게도 길은 더 넓고 안전해진다. 느림은 돌아가는 길이 아니라, 결국 가장 멀리 가는 최단 거리 전략인 셈이다.

4장

가장 안전한 첫걸음: 걷기와 조깅을 오가는 런-워크 기법

출근 전, 집 앞 산책로를 달리던 어느 날이었다. 몸이 눅눅하게 무거워서 오늘은 그냥 빨리 걷기만 하자고 마음을 정했는데, 몇 분쯤 걷다 보니 발이 가볍게 통통 튀기 시작했다. 박자를 살짝만 올리자는 생각으로, 걷기에서 아주 느린 조깅으로 자연스레 넘어갔다가 다시 걷기로 내려왔다. 이 과정을 수차례 반복을 하다 보니 몸과 마음이 한결 가벼워져 있었다. 그날 깨달았다. 걷기와 조깅 사이엔 문턱이 아니라 미닫이문이 있을 뿐이라는 걸. 열었다 닫았다 하며 오가기에 아무 문제없고, 오히려 부담이 줄어드는 것이다.

이 런-워크^{Run-Walk} 기법은 달리기를 처음 시작하거나, 무릎 통증에 대한 두려움이 있는 사람에게 가장 안전하고 과학적인 첫걸음을

제시한다. 달리기의 아버지라 불리는 미국 코치 제프 갤러웨이[Jeff Galloway]가 초보자들에게 이 기법을 적극적으로 권장하는 이유도 여기에 있다.

느리게 왕복하며 넘나드는 이 방식이 유용한 이유는 간단하다. 서두르지 않는 리듬은 신경계를 흥분시키기보다 안정시키고, 짧은 조깅 구간은 걷기만으로는 얻기 어려운 탄력 자극을 살짝 더해준다. 무엇보다 중요한 것은 '부상 예방 경제학'이다. 짧은 걷기 구간은 조깅 구간에서 누적된 관절의 충격을 빠르게 분산시키고 회복 시간을 벌어주어, 무릎과 발목의 과부하를 획기적으로 낮춘다. 몸은 "오늘은 이 정도면 충분하다"는 메시지를 빨리 이해하고, 그 이해가 다음 날의 출발을 가볍게 만든다.

경계부터 분명히 하자. 걷기는 항상 한쪽 발이 땅에 붙어있고, 조깅에는 아주 짧게나마 '떠있는 순간'이 있다. 고급 생리학 용어를 꺼낼 필요도 없다. 느낌적으로 걷기가 땅 위에서 부드럽게 굴러가는 움직임이라면, 슬로 조깅은 그 굴림 사이에 아주 얇은 '튀어 오름'이 더해진다. 바로 그 얇은 차이가 리듬과 자극을 한 단계 더 올려주지만, 잘만 쓰면 몸에 불필요한 부담을 줄여준다.

조금 더 들여다보면 몸 안의 풍경도 달라진다. 걷기에서는 발이 바닥에 머무는 시간이 길어 안정감이 크고, 추진은 주로 엉덩관절

Jeff Galloway, Galloway's Book on Running (Bolinas, CA: Shelter Publications, 2002).

의 스윙에서 나온다. 반면 슬로 조깅으로 넘어오면 지면에 닿아 있
는 시간이 짧아지고 보폭이 약간 줄면서 발목-종아리-햄스트링-고
관절이 작은 스프링처럼 에너지를 저장했다가 되돌려 준다. 같은
속도로 앞으로 나아가더라도 '지면을 밀어내는' 느낌에서 '탄력받아
굴러가는' 느낌으로 바뀌는 것이다.

　심폐 쪽 자극도 좀 더 올라간다. 빠른 걷기보다 산소 요구량이
조금 높아지지만, 숨이 거칠어질 정도는 아니다. 이 사이 구간이 바
로 오래 이어갈 수 있는 지구력을 키우는 자리다. 마음의 결도 달라
진다. 일정한 박자의 반복이 각성은 유지하되 과열은 막아, 생각의
소음을 낮춰준다. 그래서 많은 사람이 "걷기보다 한 단계 깊은 몰입
이 생긴다"라고 표현한다.

　둘 중 무엇을 할지는 그날의 목적과 컨디션이 정한다. 피곤이 몰
려오거나 다리에 미세한 신호가 있을 땐 걷기가 정답이다. 빨리 회
복하고 싶을 때, 생각을 정리하고 싶을 때, 식후 혈당을 내리고 소화
를 도울 때도 마찬가지다. 반대로 같은 시간에 조금 더 높은 자극을
주고 싶거나, 러닝 리듬을 몸에 새기고 싶다면 슬로 조깅이 유리하
다. 특히 바쁜 직장인의 경우, 런-워크 기법은 틈새 시간을 활용하
는 최고의 해법이다. 고강도 러닝을 위해 40분을 확보할 필요 없이,
걷기 1분-조깅 1분 패턴을 15분만 반복해도 충분한 유산소 효과를
얻는다. 바쁜 날 20분을 확보했다면, 걷기 3분과 아주 느린 조깅 2
분을 번갈아 네 번 반복하는 것만으로도 훌륭한 운동이 된다. 한 세

트라도 버겁게 느껴지면 비율을 낮추면 된다. 이 조절이 바로 지속
성을 만든다.

　타이머 대신 환경을 활용해도 좋다. 가로등 두 개만큼은 조깅,
다음 가로등 하나는 걷기. 벤치까지는 조깅, 다리까지는 걷기. 러닝
루트의 환경적 요소들을 기준으로 삼으면 지루함이 줄고, 그날 컨
디션에 맞춰 길이를 자연스럽게 조정할 수 있다. 비가 오거나 바람
이 불어도 구간 간격을 좀 더 줄이는 규칙 하나만 더하면 안전도 챙
길 수 있다.

　걷기에서 조깅으로 넘어갈 때는 '앞으로 밀지 말고 위로 살살 들
어 올리는' 감각이 도움이 된다. 발을 멀리 뻗기보다 몸 가까이에 두
고, 발뒤꿈치가 살짝 들리도록 가볍게 들어 올렸다가 바로 놓는 느
낌. 상체는 허리를 세우고, 팔은 뒤쪽으로 짧게 당겨가며 '박자'를
만드는 것이다. 몸이 많이 흔들리거나 턱과 어깨가 하늘로 올라간
다면 과속 신호다. 그때는 한 템포 내려서 더 천천히 달리거나 다시
걷기로 돌아오면 된다. 이 왕복은 부끄러운 일이 아니라 기술이다.
오히려 이 기술이 있어야 멈춤 없이 오래 달리게 된다.

　슬로 조깅에서 걷기로 내려올 때의 기준도 정해두면 좋다. 가장
중요한 것은 '편안한 호흡 리듬이 깨지기 직전'에 돌아오는 감각이
다. 호흡이 급히 거칠어지거나, 디딜 때 충격이 단단하게 전해지거
나, 다리에 부담스러운 느낌이 생기면 즉시 걷기로 전환한다. 1~2분

만 숨을 고르면 대개 금세 가라앉지만, 숨이 가라앉지 않으면 그날은 그만. '끝에서 힘을 남긴다'는 원칙은 여기서도 효력을 발휘한다.

슬로 조깅의 자세는 여기서 깊게 다루지 않겠다(상세한 내용은 PART 3의 3장에서 다룬다). 다만 가장 기본적인 자세 세 가지 감각을 기억하자. 첫째, 시선은 멀지 않은 앞쪽(약 15m 전방) 바닥, 목뒤가 길어지도록 턱을 살짝 안으로 당긴다. 둘째, 발은 항상 몸 아래에 놓는다는 느낌을 지킨다. 셋째, 리듬은 팔이 만든다. 다리를 억지로 빨리 돌리려 하지 말고, 팔꿈치를 뒤로 짧게 당기는 동작으로 박자를 유지한다. 이 세 가지면 걷기와 슬로 조깅의 전환이 훨씬 부드러워진다.

걷기와 슬로 조깅은 서로 다른 운동이 아니라 하나의 움직임이다. 낮은 키에서 시작해 높은 키로 올라갔다가, 필요하면 다시 내려오는 음악처럼. 하루의 움직임이 리듬을 타고 마무리되면, 다음 날의 첫 소절을 시작하기도 쉬워진다. 이 런-워크 기법의 유연함이야말로 100세까지 우리 몸을 부상 없이 지켜줄 가장 안전한 달리기 보험이다.

5장 느림의 용기

우리는 늘 속도를 재촉하는 세상에 살고 있다. 회의는 더 짧게, 성과는 더 빨리, 휴식조차 유익하게 보내야 한다고 배운다. 휴대폰을 열면 남들의 하루가 실시간으로 쏟아지고, 비슷한 나이의 사람들은 이미 무엇인가를 이뤄낸 것처럼 보인다. 그 속에서 '천천히'란 단어는 곧 '뒤처짐'을 뜻하게 되었다. 그러니 "느리게 달린다"는 말이 얼마나 낯설고, 때로는 불안한 선택인지 안다.

나 또한 그랬다. 달리기를 시작했을 때, 처음 든 감정은 즐거움이 아니라 초조함이었다. 주변의 러너들이 더 빠르게, 더 멀리 나아가는 모습을 보며 '나는 왜 저 속도를 따라가지 못하지?'라는 생각이 떠나질 않았다. 그래서 숨이 차도 멈추지 않았고, 다리가 뻐근해도 끝까지 밀어붙였다. 하지만 그럴수록 몸은 점점 굳어갔고, 어느 순간

더는 나아갈 수 없었다. 그때 비로소 깨달았다. 속도는 노력의 증거가 아니라, 방향을 잃었을 때 가장 먼저 흔들리는 기준이라는 걸.

속도를 낮추는 일은 생각보다 어렵다. 멈추는 용기보다 더 큰 용기가 필요하다. 왜냐하면 느림은 자신을 마주 보게 만들기 때문이다. 누구의 시선도, 목표 기록도 아닌 오직 '지금의 나'를 기준으로 삼아야 한다. 처음엔 어색하다. 주변의 발걸음이 모두 나보다 빠른 것처럼 느껴지고, 내가 제자리에서만 맴도는 듯한 착각이 든다. 그러나 그 어색함을 지나면, 서서히 '나만의 리듬'이 들리기 시작한다. 그 리듬이 늘 일정하지는 않다. 어떤 날은 활기가 넘치고, 어떤 날은 한 걸음 내딛는 것도 버겁다. 하지만 그 모든 속도가 정상이다.

나는 그 사실을 슬로 조깅에서 배웠다. 숨이 차오르지 않는 리듬으로 움직이다 보면, 내 안에서 잊고 있던 감각들이 다시 깨어난다. 발이 바닥을 스치는 느낌, 공기의 밀도, 주변의 온도 변화. 이런 감각들은 빠르게 달릴 때는 결코 느낄 수 없다. 몸의 세세한 신호를 듣는 법, 마음의 불필요한 긴장을 내려놓는 법은 느린 속도에서만 배울 수 있었다.

느리게 달린다는 건 단순한 운동 방식이 아니라, 삶의 태도다. 타인의 속도를 기준으로 삼던 삶에서 벗어나 자신의 페이스를 존중하는 연습이 된다. 누군가는 하루 10km를 달리고, 누군가는 15분 걷다 말 수도 있다. 하지만 중요한 건 '그날의 나'에게 맞는 리듬으로 움직였느냐이다. 꾸준함을 만드는 건 근육이 아니라 판단이다. "오늘은 이만큼이면 충분하다." 그 한마디를 스스로에게 허락하는

무리 없이 시작하는 평생 달리기 원리

순간, 몸은 지치지 않고, 마음은 포기하지 않는다.

느림의 감각은 달리기에서 끝나지 않는다. 출근길 엘리베이터 대신 계단 몇 층을 천천히 오르고, 식사 후 10분만 걷는 루틴으로도 하루의 리듬은 바뀐다. 아침에 커피를 내릴 때 잠시 멈춰 향을 맡는 일, 퇴근 후 짧게 한 바퀴 도는 산책, 그 모든 것이 느림의 연장선이다. 몸을 서두르지 않으면, 생각도 서두르지 않게 된다. 이 작은 선택들이 쌓여 하루의 속도를 바로잡는다.

또한 느림은 다른 종류의 집중을 만든다. 빠르게 달릴 땐 눈 앞의 길만 보인다. 그러나 천천히 달리면 주변의 풍경이 눈에 들어온다. 길가의 꽃잎이 바람에 흔들리는 모습, 비 온 뒤 흙냄새, 햇빛이 나무 사이로 흩어지는 순간. 이 작은 감각들이 마음의 소음을 잠재운다. 몸이 움직이는데도 머리는 고요해지고, 생각의 결도 차분해진다. 그게 바로 슬로 조깅이 주는 몰입이다.

거기에 느림에는 따뜻한 연대도 있다. 빠른 달리기 속에서는 서로의 등을 바라보지만, 느린 달리기에서는 나란히 옆을 볼 수 있다. 누군가는 걷고, 누군가는 조깅하고, 누군가는 잠시 멈춰 숨을 고른다. 속도가 달라도 괜찮다. 서로의 리듬을 존중하면 그곳엔 경쟁이 아닌 동행이 생긴다. 누군가의 "같이 가요"라는 한마디가 끝까지 버티게 만드는 가장 큰 동력이 된다.

물론 느림이 마냥 편한 선택은 아니다. 느리게 산다는 건, 세상의 흐름과 자주 부딪힌다는 뜻이다. SNS를 열면 여전히 누군가는 나보다 멀리 앞서 있고, 회사에서는 여전히 '성과의 속도'가 평가의 기준이 된다. 그러나 달리기를 통해 배운 느림은, 그 속에서도 흔들리지 않는 중심을 만든다. "나는 내 템포로 간다." 그 한마디가 삶의 기준이 되고, 불필요한 경쟁에서 나를 지키는 힘이 된다.

달리기 전의 나는 늘 조급했다. 더 빨리 완성하고 싶고, 더 빨리 인정받고 싶었다. 하지만 달리기를 오래 할수록 빨리 끝내는 사람이 아닌, 오래 이어가는 사람이 진짜 강하다는 사실을 깨달았다. 꾸준함은 재능이 아니라 온도의 문제다. 불타오르지 않아도, 식지 않게 유지하는 온도. 그 온도를 지키기 위해선 주 2~3회의 짧은 조깅과 하루 20분의 가벼운 움직임이면 충분하다.

세상은 여전히 빠르다. 그러나 나는 이제 그 속도에 휘둘리지 않는다. 내가 정한 리듬으로, 내 몸이 원하는 페이스로 움직인다. 느림은 나약함이 아니라 지혜다. 속도를 낮춘다는 건 '오래 하기 위한 전략'이다. 오늘도, 내일도, 무리하지 않고 나아갈 수 있도록 자신을 관리하는 기술. 멈추지 않기 위해 속도를 낮추는 선택, 그 선택이 결국 가장 멀리 나를 데려간다.

느리게 달리면 오래 달릴 수 있고, 오래 달리면 삶이 깊어진다. 그것이 내가 배운, 느림의 용기다.

6장

알아두면 쉬워지는
슬로 조깅 핵심용어들

이 장은 본문을 읽을 때 헷갈리기 쉬운 표현을 한자리에 모은 '작은 사전'이다. 정의는 간결하게, 이 책에서의 쓰임은 구체적으로 정리했다. 복잡한 이론 대신, 러너가 실제 현장에서 바로 떠올릴 수 있는 언어로 정리했다.

1. 슬로 조깅 Slow Jogging

- 뜻: 숨이 가쁘지 않은 강도로 천천히 달리는 방식.
- 쓰임: 이 책의 모든 방법론의 기본 형태. 기록보다 '지속'을 우선한다.
- 메모: 속도가 아니라 몸의 반응이 기준.

2. 대화 테스트/미소 테스트

- 뜻: PART 2의 3장에서 제시한 느린 강도의 기준.
- 쓰임: 숫자 대신 강도 점검의 1순위 도구.
- 메모: 훈련 전·중·후 언제든 체크해 속도 및 강도의 과열을 막는다.

3. 이지 런^{Easy Run}

- 뜻: 피로를 쌓지 않는 편안한 러닝.
- 쓰임: 주간 러닝의 다수를 차지하는 '기본 주행법'.
- 메모: 슬로 조깅과 거의 동의어로 사용하되, 맥락상 '훈련 구성 요소'를 지칭할 때 쓴다.

4. 회복 달리기^{Recovery Run}

- 뜻: 전날의 피로를 씻어내려는 매우 가벼운 러닝.
- 쓰임: 고강도 세션 다음 날, 다리에 피로를 낮춰주는 용도.
- 메모: 이지 런보다도 더 느리고 짧게. '힘을 남겨 끝낸다'가 기준.

5. 심박 구간 존2^{Zone 2, Z2}

- 뜻: 최대심박 대비 60~70% 낮은 범위의 유산소 영역.
- 쓰임: 숫자 참고치로만 사용. 결정은 호흡/체감이 우선.
- 메모: 개인차가 크며, 절대 기준은 없다. 시계보다 호흡을 먼저 확인한다.

6. 운동자각도 ^{Rating of Perceived Exertion, RPE}

- 뜻: 1~10 척도로 느껴지는 힘듦을 표현.
- 쓰임: 슬로 조깅은 보통 RPE 3~4 영역.
- 메모: 같은 속도라도 컨디션에 따라 수치는 달라진다.

7. 페이스 슬라이딩 ^{Pace Sliding}

- 뜻: 한 세션 안에서 컨디션에 맞춰 미세하게 속도를 위아래로 조정하는 기술.
- 쓰임: 바람·경사·피로에 따라 리듬은 유지하되 속도는 유연하게 조정. 즉, 기계적 일정 페이스보다 호흡 안정이 중요하다.
- 메모: 목표는 고정 페이스 유지가 아니라 '호흡 안정의 유지'.

8. 케이던스 ^{Cadence}

- 뜻: 1분당 걸음 수.
- 쓰임: 억지로 올리기보다 긴장 완화·짧은 보폭으로 자연스럽게 안정.
- 메모: 과도한 교정 금물. 불필요한 상체 흔들림이 줄면 적정값으로 수렴한다.

9. 보폭/스트라이드 ^{Stride}

- 뜻: 한 걸음에 이동하는 거리.
- 쓰임: 슬로 조깅에서는 '짧고 가벼운' 패턴을 기본값으로 둔다.

- 메모: 속도를 올릴 땐 보폭을 키우기 전에 케이던스 리듬부터 미세 조정한다.

10. 접지 시간&수직 진동

- 뜻: 지면에 닿아있는 시간, 위아래 흔들림의 크기.
- 쓰임: 동작을 알아보기 위한 참고 지표일 뿐 목표치로 강박적으로 맞추지 않는다.
- 메모: 체감은 발소리, 상체 긴장, 호흡의 편안함을 통해 확인할 수 있다.

11. 편극화 훈련 ·Polarized Training

- 뜻: 대부분은 쉽게, 가끔은 매우 힘들게 운동하는 양극단 운동법.
- 쓰임: 생활 러너에게도 적용 가능하지만 주간 러닝 구성 시 참고용으로만 소개한다.
- 메모: 비율(예: 80/20)은 예시일 뿐, 핵심은 "쉬운 날은 정말 편하게"이다.

12. 런-워크 Run-Walk

- 뜻: 달리기와 걷기를 주기적으로 섞는 방식.
- 쓰임: 초보·회복기·폭염·경사 코스에서 특히 유용.

- 맷 피츠제럴드, 『80대20 러닝 훈련법』, 최보배 옮김, 빌리버튼, 2025.

무리 없이 시작하는 평생 달리기 원리

- 메모: 예) 2분 달리기/1분 걷기 → 달리기 구간만 2분→ 3분 → 4분…식으로 점진적으로 늘린다.

13. 안정 시 심박 Resting Heart Rate, RHR

- 뜻: 아침 기상 직후의 심박.
- 쓰임: 회복·누적 피로 점검의 기초선.
- 메모: 개인 기준선 대비 변화를 본다(일시 상승=과부하 가능성).

14. 심박 회복 속도 Heart Rate Recovery, HRR

- 뜻: 운동 직후 1분간 하강한 심박 폭.
- 쓰임: 심폐 회복성 지표.
- 메모: 절댓값보다 내 변화 추세가 핵심이다.

15. 심박변이도 Heart Rate Variability, HRV

- 뜻: 박동 간 미세한 시간 변동.
- 쓰임: 스트레스·회복 상태의 보조 지표.
- 메모: 하루치 숫자에 일희일비 말고 주간 평균을 본다.

16. 글리코겐 Glycogen

- 뜻: 간·근육의 탄수화물 저장고.
- 쓰임: 저강도에선 아껴 쓰고, 고강도·스퍼트 시 빠르게 소모.
- 메모: 슬로 조깅은 글리코겐 소모를 최소화하고, 지방을 주 에

너지원으로 사용한다.

17. 지방 최고 산화 강도 Fat Oxidation Maximum, FatMax

- 뜻: 개인별 지방 연소가 가장 높은 강도 대역.
- 쓰임: 대화 가능한 구간과 대체로 겹치지만, 개인차 큼.
- 메모: 실전 탐색은 대화·미소·RPE 3~4가 더 실용적이다.

18. 인슐린 민감도 Insulin Sensitivity

- 뜻: 같은 인슐린으로 더 잘 반응해 포도당이 잘 쓰이는 상태.
- 쓰임: 슬로 조깅·수면·식사 패턴이 개선.
- 메모: 식후 걷기와 규칙적 루틴의 조합이 가장 현실적이다.

이 용어들은 뒷장의 디테일인 심박, 자세, 회복, 통증 해석을 읽을 때 방향을 잡아줄 좌표다. 숫자는 참고하고 기준은 언제나 호흡이라는 점, 이 한 줄만 기억해도 충분하다.

무리 없이 시작하는 평생 달리기 원리

Part
3

100세까지
통증
없이

달리는
실전
기술

1장

속도는 따라올 뿐, 호흡으로 달리는 법

첫 러닝워치를 샀던 날을 기억한다. 상자 비닐을 벗기고, 충전 케이블을 꽂아 두 칸 채워진 배터리 아이콘을 한참 바라봤다. 다음 날, 들뜬 마음으로 집 앞에서 위성 신호를 잡았다. '삐—' 출발음과 함께 손목이 나를 끌고 갔다. 화면에는 속도, 거리, 심박, 랩 타임이 번갈아 떴고, 1km마다 울리는 진동이 작은 박수처럼 느껴졌다. 집에 돌아와 샤워도 미루고 소파에 앉아 오늘의 러닝 로그를 확대해 보았다. 강변 코스의 굴곡, 분/km 그래프의 오르내림, 마지막 500m의 스퍼트. 숫자가 내 하루를 대신 기록해 주는 것 같아 묘한 성취감이 밀려왔다. 다음 날엔 전날보다 한 칸 빨라진 구간을 만들어 보자는 의지가 생겼다. 그렇게 나의 러닝은 손목 위의 숫자들과 함께 서서히 빨라졌다.

하지만 얼마 지나지 않아 벽이 찾아왔다. 속도 그래프는 더 이상 올라가지 않았고, 주간 평균 거리도 비슷한 줄에서 멈춰 섰다. 늘 같은 지점에서 숨이 막혀오기 시작했고, 기대만큼 몸이 따라오지 않자 짜증이 났다. 그즈음부터 없던 통증이 스멀스멀 올라왔다. 종아리 안쪽이 당기고, 발목이 딱딱해졌다. "이번 주만 버티자"라며 몇 번 더 나가 뛰다가, 결국 몇 주의 강제 휴식을 하게 되었다. 쉬는 동안 몸이 거꾸로 돌아가는 것 같은 기분이 들어 힘들었다.

복귀는 아주 조심스럽게 시작했다. 그날의 목표는 단 하나, 다시 달릴 '감각'을 되찾는 것이었다. 강변을 천천히 달리며 가로등 하나, 둘을 기준으로 구간을 나눴다. 이렇게 러닝과 슬로 조깅을 오가며 느낀 건, 속도를 조절하는 감각이 '몸과 대화하듯' 이루어진다는 점이었다. 너무 빨라지면 호흡이 먼저 신호를 보내고, 너무 느리면 다리가 오히려 무거워졌다. 숫자가 아니라 감각이 기준이 되자 '이 정도가 나에게 맞는 리듬'이란 확신이 조금씩 생겼다. 다리에 여유가 있으면 다음 가로등까지 러닝, 아니면 그대로 슬로 조깅. 손목 화면은 아예 꺼두거나 소매 속으로 밀어 넣었다. 대신 배와 갈비뼈가 오르내리는 감각, 턱과 어깨에 생기는 미세한 힘, 발이 나아가는 리듬 같은 신호들을 살폈다. 숫자 대신 신체의 소리를 기준으로 삼자, 마음이 먼저 여유로워졌다. "오늘은 여기까지"라는 판단이 이상하리만큼 깔끔해지고, 다음 날 다시 나갈 마음이 남았다.

그때 결심했다. 달리는 동안엔 손목을 보지 않기로. 기록은 집에 돌아와서만 확인하고, 길 위에서는 호흡과 리듬으로 판단하자고. 그렇게 몇 주가 지나자, 러닝은 다시 부드러워졌다. 예전처럼 숫자와 씨름하지 않아도 출발이 가벼워지고 마무리에서 여유가 남았다. 그날 이후 내 기준은 간단해졌다. 속도는 오늘의 호흡이 정한다. 시계는 기록 보관용이면 충분하다.

이 장에서 다루려는 것도 그 간단한 시작법이다. 심박과 호흡만으로 자신만의 속도를 찾는 법. 내가 주로 쓰는 방법들을 정리했다.

1. 몸의 첫 번째 신호, 호흡으로 달리기

호흡을 첫 번째 기준으로 삼는다. 달리기 초반 3~5분, 호흡이 자연스레 이어지는지부터 본다. 콧노래를 흥얼거려도 숨이 끊기지 않는가, 어떻게 하면 가장 편안한 호흡으로 시작할 수 있는가만 생각한다. 들숨을 얕고 빠르게 몰아넣지 않고, 옆구리 쪽으로 공기가 퍼지도록 부드럽게 받아들이다(갈비뼈가 좌우로 살짝 벌어지는 느낌이면 좋다) 내쉴 때는 1~2초 더 길게, 촛불을 끄듯 가늘게 뽑아낸다. 이 '긴 내쉼' 하나만으로도 몸의 긴장이 눈에 띄게 내려간다. 만약 '달리면서 이게 가능할까?'라는 생각이 든다면, 그것이 바로 '아직은 속도가 빠르다'는 몸의 신호다.

그럼에도 숨이 들썩거린다면 잠깐 멈춰 서서 호흡으로 고르고 다시 출발한다. 공기가 차갑거나 건조한 날은 코로 들이마시는 비중을 조금 더 두고, 입은 보조로만 열어 둔다. 반대로 더운 날이나 습도가 높은 날엔 같은 속도라도 숨이 무겁게 느껴질 수 있으니, 의식적으로 들숨을 짧게, 내숨을 길게 가져가며 강도를 '호흡의 편안함'에 맞춘다.

초반부터 하품이 자주 나오는 날은 몸이 아직 깨어나지 않았다는 신호일 수 있다. 그럴 땐 다시 속도를 줄이고 걷기와 슬로 조깅을 몇 번 왕복하며 몸이 움직임에 적응할 시간을 더 준다. 러닝의 마무리 지점에서도 호흡을 한 번 더 점검한다. 속도를 실타래 풀듯 천천히 풀어 내리면서 코로 넉넉히 들이쉬고 입으로 길게 내쉬는 루틴을 3~5분 이어가면, 다리의 잔긴장뿐 아니라 마음속 긴장도 잘 내려간다. 이렇게 시작과 끝을 호흡으로 정리하는 버릇이 붙으면, 시계를 거의 보지 않는 날에도 '오늘은 이 정도면 충분하다'라는 기분이 된다.

2. 참고용 보조 신호, 심박 현명하게 활용하기

심박은 호흡 다음의 보조 신호로 활용한다. 심박은 수치로 읽는 신체의 대화다. 하지만 그것을 해석하는 기준은 숫자 그 자체가 아니라, '어제보다 오늘이 덜 버겁다'라는 체감에 있다. 같은 130bpm이라도 어떤 날은 숨이 부드럽게 이어지고, 어떤 날은 답답하다면 몸의 회복 상태가 다르다는 뜻이다. 그래서 심박은 비교의 도구가 아니라, 내 몸의 회복력을 읽는 창으로 쓰는 것이 가장 현명하다. 이때는 러닝워치(또는 스마트워치)가 유용하다. 달리는 동안 계속 쳐다보는 것이 아니라, 가끔씩 호흡의 변동성이 커질 때만 확인하

는 방식이다.

다음과 같은 방법으로 나의 기준 심박을 잡아 나가기도 한다. 일주일 정도 같은 시간대·비슷한 코스로, 지금처럼 호흡이 편한 상태를 유지한 채 달린다. 끝나고 집에 오면 워치 앱의 기록을 열어 평균 심박을 본다. 그 값들이 일주일 정도 쌓이면 평균쯤에 모이는 숫자가 생긴다. 그게 나의 '기준 심박'이다. 그다음 주부터는 달리는 중에 한두 번만 심박 화면을 슬쩍 본다. 기준 심박에서 ±5bpm 안에 있으면 그대로 가고, 위로 벗어나기 시작하면 보폭을 조금 줄여 리듬을 가볍게 만든다. 더운 날·습한 날엔 체온과 탈수 때문에 평소보다 심박이 올라가는 경우가 생기는데, 그럴 땐 페이스를 지키려 애쓰기보다 호흡의 매끄러움과 기준 심박의 범위를 맞추기 위해 속도를 내리는 것을 우선한다.

가끔은 호흡은 편한데 심박이 유난히 높게 찍히기도 한다. 시계 밴드가 헐겁게 채워졌거나, 카페인을 평소보다 많이 마셨거나, 잠이 부족했거나, 덥고 건조하거나 습한 날, 너무 추운 날일 수 있다. 이럴 땐 평소보다 2~3분만 리듬을 더 길고 가볍게 만들어본다. 그래도 숫자가 비정상적으로 튀면 과감히 걷기로 전환한다.

마무리도 호흡과 심박이 함께 균형을 맞추게 한다. 코와 입을 나누어 쓰며 내쉬는 시간을 더 길게 가져가면, 달리기 종료 뒤 1분 동안 심박이 평온하게 내려온다. 이 회복의 감각이 쌓이면, 오늘 세션이 과했는지 아니면 적당했는지 몸이 먼저 알려준다. 나는 끝나고 러닝일지에 남긴다.

오늘의 러닝 로그 (예시)

- 날짜/시간: 06:40~07:10
- 코스/날씨: 당현천~중랑천 6km/흐림, 선선, 약한 맞바람
- 사전 컨디션: 수면 6.5h(중간에 한 번 깸), 기상 시 갈증 약간. 기상 직후 물 1컵, 바나나 반 개.
- 오늘 목표: 호흡 매끄럽게, 끝에 힘 남기기.
- 진행: 워밍업/아주 느린 조깅 5분, 슬로 조깅/30분, 쿨다운/아주 느린 조깅 5분
- 호흡: 초반 코 위주로 들이쉬고 입으로 길게 내쉬기 유지, 중랑천 초입에 들숨이 짧아져 보폭 반 칸 축소하니 바로 안정, 끝부분까지 끊김이 없음.
- 리듬/자세: 발소리 초반 약간 큼 → 10분 이후 잦아듦, 턱·어깨 힘 빼기 노력
- 심박: 중반 '평소보다 약간 높은 느낌', 속도 욕심 내려놓고 리듬만 유지, 종료 후 1분 동안 안정되는 속도 양호.
- 근육/관절: 오른 종아리 미세하게 당김 2/10 강도, 스트레칭 후 소실, 무릎·발목 깔끔.
- 기분/집중: 중반부터 생각 정리 잘됨, 마무리 후 개운, 오전 집중 유지.
- 수분/영양: 전 300ml, 후 따뜻한 물 1컵, 간식 생각 감소.
- 다음에 반영: 러닝 전 걷기 3분 추가, 전날 저녁 수분 보충, 신발 끈 한 홀 느슨하게.

항상 이렇게 다 쓰는 건 아니지만 중요한 포인트가 생기는 날은 꼭 적어둔다. 이런 메모들이 모이면 나만의 강도 지도('이 정도면 괜찮다'의 범위)가 선명해진다.

속도는 정하는 것이 아니라 드러나는 것이다. 몸이 편안하고 호흡이 매끄러울 때, 그때의 리듬이 곧 오늘의 속도다.

2장

리듬이 먼저, 보폭은 다음

겨울 강바람이 셌던 어느 날, 음악을 줄이고 발소리에 집중했다. 그런데 발이 바닥에 닿을 때마다 '탕탕'하는 소리가 유난히 크게 들렸다. '왜 이렇게 탕탕 부딪히지? 무릎 발목에 무리가 갈 텐데.' 속도를 줄이지 않은 채, 어깨를 한 번 털어 부드럽게 한 뒤 팔꿈치를 조금 더 짧게 당기며 박자를 가볍게 가져갔다. 그 박자에 맞추되 보폭은 반 발짝만큼 줄였다. 100m쯤 지나니 발소리가 다시 잦아들었다. 숨도 편해졌다. 속도를 줄이지 않고 '발소리'와 '박자'를 살피는 방법이다. 보폭, 케이던스, 리듬. 이 세 가지가 맞물리면 몸은 놀랄 만큼 경제적으로 움직인다.

핵심은 순서다. 리듬이 먼저고, 보폭은 뒤를 따라 줄인다. 다리로 속도를 직접 끌어올리려 하면 상체가 긴장하고 착지 충격이 커

진다. 반대로 박자를 먼저 안정시키면(팔꿈치가 뒤로 짧게 '툭' 당겨지는 느낌) 다리는 그 템포에 맞춰 자연히 짧고 가볍게 돌아간다. 케이던스를 숫자로 세어가며 만들 필요는 없다. 각자 몸이 정해주는 편안한 범위가 있다. 키·다리 길이·유연성·신발까지 모두 다르다. 중요한 건 내가 편한 박자에서 발이 자연스럽게 나아가는가이다. 숫자를 세지 않아도 템포를 바로잡는 간단한 요령이 있다. 숨이 편한 구간에서 30초만 '팔만 달린다'라고 상상해 본다. 손은 앞으로 내세우지 말고, 팔꿈치가 뒤로 '툭'하고 빠지게, 가슴은 좁아지지 않게. 이 작은 집중만으로도 다리는 알아서 리듬을 따라 움직인다.

보폭은 '길게 밀어붙이는' 쪽보다 '힘이 모여있는 자리에서 가볍게 내딛는' 쪽이 오래간다. 발이 앞쪽으로 과하게 던져지면 매 걸음마다 미세한 멈춤이 생기고 허벅지 앞·무릎 주변이 먼저 뻣뻣해진다. 이런 느낌이 오면 보폭을 반 발짝만큼만 줄여본다. 바닥과의 만남이 '쿵'이 아니라 '톡-굴림'으로 바뀌고, 상체가 좌우로 덜 흔들릴 것이다. 굳이 각도를 계산할 필요는 없다. 기준은 언제나 같아야 한다. 접촉음이 잦아드는가, 어깨의 힘이 빠지는가, 호흡이 다시 매끄러워지는가. 오래가는 보폭을 찾고 싶다면 '선 위를 걷는' 이미지를 떠올려 보자. 보도블록 줄 위를 따라 한 줄로 걷는 느낌, 그 선 위에 발을 포개듯 올린다는 마음으로 발끝이 바깥으로 새지 않게만 신경 쓴다. 자연히 골반이 정면을 보고, 허벅지 앞쪽으로 힘을 몰아넣지 않게 된다. 몇 분만 이렇게 가도 보폭이 스스로 정리된다.

　케이던스는 팔꿈치를 뒤로 짧게 보내며 메트로놈을 켜듯 템포만 고정해 본다. 그러면 다리는 그 박자에 맞춰 자연스레 빨라졌다 느려졌다 한다. 편한 구간에서 숨과 박자를 살짝 엮어주면(예: 네 걸음 들숨, 여섯 걸음 날숨) 템포가 쉽게 흐트러지지 않는다. 다만 그 비율이 전부는 아니다. 중요한 건, 어느 순간에도 '박자→보폭'의 순서가 바뀌지 않게 하는 것이다. 템포를 올리고 싶을 때 가장 쉬운 스위치는 '손 폭 줄이기'다. 손을 앞으로 크게 뻗는 대신, 상체 옆구리 가까운 통로 안에서만 움직이게 둔다. 팔의 이동 거리가 짧아지면 왕복 속도는 자연히 빨라지고, 다리는 그 템포를 복사해 온다. 반대로 템포를 낮추고 싶다면 손가락을 살짝 펴 흔들림을 크게 가져가면 된다. 그러면 박자는 즉시 느긋해진다.

　지형에 따라서도 달리기는 달라진다. 같은 리듬이라도 땅의 각도와 바람의 방향이 달라지면 몸의 대응도 바뀌어야 한다. 오르막에서는 보폭을 더 과감히 줄이고 팔의 템포를 한 클릭 올려 발을 가볍게 끌어준다. 시선은 가까운 발 앞에 두고 허리는 곧게 세운다. 이 두 가지만 지키면 다리 힘을 덜 쓰며 올라갈 수 있다. 내리막에서는 반대로 템포를 유지하되 발이 멀리 나가지 않게 발목을 부드럽게 풀어 충격을 흡수한다. '길게 뻗는다'가 아니라 '잇는다'는 느낌이면 무릎이 편하다. 바람도 변수다. 맞바람에서는 몸을 숙이기보다 가슴을 조금만 낮춘다는 느낌으로 템포는 유지하고 보폭만 살짝

줄인다. 뒤바람에서는 템포를 억지로 올리지 말고 상체 힘을 더 빼서 '바람에 밀려간다'라는 느낌을 받는다. 코너에서는 바깥 팔이 리듬을 이끈다. 바깥 팔을 한 번 더 또렷하게 뒤로 보내면 몸통은 회전 스트레스를 덜 받는다.

바닥 재질도 생각하며 달리는 것이 좋다. 흙길·잔디처럼 탄력이 흡수되는 표면에선 보폭을 아주 조금만 늘려도 괜찮다. 대신 접촉 시간을 줄여가는 느낌으로. 아스팔트처럼 단단한 바닥에선 걸음을 촘촘히 나눠 충격을 분산하는 쪽이 관절에 부담을 덜 줄 수 있다. 젖은 보도블록, 자갈, 낙엽 위에서는 '짧고 가볍게'가 안전하다. 실내 트레드밀로도 같은 감각을 만들 수 있다. 벨트 위 접촉 음이 커지면 보폭을 접고 팔 템포로 리듬을 고정한다. 시선이 패널에 붙어 상체가 굳기 쉬우니, 정면보다 약간 먼 바닥에 초점을 둔다. 건조한 실내에선 내쉬는 시간을 살짝 길게 가져가야 호흡이 편안하다.

팔 스윙은 다리의 원격 리모컨이다. 팔이 풀리면 다리도 따라 풀린다. 팔이 굳으면 다리도 함께 굳는다. 손을 앞으로 내젓는 힘을 줄이고, 팔꿈치를 뒤로 짧고 빠르게 빼 주면(손은 그저 따라오게 둔다) 가슴이 열리고 상체가 안정된다. 어깨를 털어줘도 자꾸 힘이 들어가는 날엔 일부러 손가락을 가볍게 펼쳤다 쥐는 동작을 몇 번 반복해 보자. 그 작은 동작만으로도 상체의 긴장이 풀리고 박자가 살아난다. 골반의 미세한 각도도 리듬에 영향을 준다. 허리를 꺾어 세우기보다 '배꼽을 살짝 안으로 당겨 복사뼈 위에 얹는다'는 느낌이면 허리가 길어지고 상체가 상하로 덜 튄다. 이 상태에서 팔이 뒤로 짧게 빠지면 하체의 스프링이 제자리에서 반응한다.

장비와 옷차림도 리듬에 개입한다. 두툼한 윈드브레이커는 팔 동작을 방해해 템포를 느리게 만든다. 그럴 땐 소매를 한 번 걷어주거나, 지퍼를 반 칸 내려 팔이 앞뒤로 자연스럽게 움직이도록 공간을 만들어보자. 쿠션이 높은 신발은 걸음의 길이를 과하게 만들 때가 있으니, 접지 감각이 흐릿해진다고 느껴지면 '발바닥이 몸통 가까운 곳을 스쳐 지나간다'라는 이미지를 짧게 떠올려 균형을 잡는다.

길 위에서 바로 써먹는 소소한 점검법도 있다. 첫째, '20보 무음 모드'다. 스무 걸음 동안 접촉음을 최대한 낮추는 데만 집중한다. 둘째, '10초 팔 리셋'이다. 10초 동안 팔꿈치를 뒤로만 짧게 보내고, 앞쪽은 힘을 빼 그냥 따라오게 둔다. 셋째, '그림자 체크'다. 건물의 쇼윈도나 가로등 아래를 지날 때 그림자의 위아래 흔들림이 커지면 보폭을 반 마디 접고 템포를 고정한다. 각 점검은 짧게 가져가되, 곧바로 원래의 흐름으로 돌아가게 해준다. 이런 작은 점검법은 러닝 중 생각을 리셋하는 버튼 역할을 한다. 몸의 흐름을 되돌리고 의식의 초점을 다시 현재로 끌어온다.

보폭은 '힘을 앞에 던지는' 게 아니라 '모아둔 힘을 짧게 풀어 쓰는' 쪽으로, 케이던스는 숫자가 아니라 박자 고정으로, 리듬은 다리

보다 팔에서 시작한다. 이 순서를 지키면 바람 부는 날에도, 언덕에서도, 바닥이 바뀌어도 몸은 같은 리듬을 탄다. 그 리듬이 길게 이어질수록, 자세와 착지도 자연스럽게 안정된다.

3장

좋은 자세는 '만드는' 것이 아니라 '덜어내는' 것

러닝을 처음 시작하는 사람이라면 누구나 '자세가 중요하다'는 말을 듣는다. 하지만 그 말이 실제로 무엇을 의미하는지에 대한 설명을 들을 기회가 잘 없는 것이 현실이다. 그래서 유튜브나 블로그에서 본 동작을 흉내 내며 달리곤 한다. 팔을 일정한 각도로 접으라고 해서 그 모양에만 신경 쓰다가 어깨가 뻣뻣해지고, 발의 중간 면으로만 닿으라는 말을 믿고 뛰다 보면, 종아리에 힘이 잔뜩 들어가고 착지는 오히려 거칠어진다. 더 심각한 건, 그걸 하면서도 좋은 자세를 유지했다고 착각하기 쉽다는 것이다. 좋은 자세란 억지로 만들어내는 특정 모양이 아니라, 불필요한 힘을 덜어냈을 때 자연스럽게 드러나는 '균형 잡힌 흐름' 그 자체다.

나도 예전에는 착지만 바꾸면 해결될 거라는 주변의 정보들을

믿었다. 발뒤꿈치 착지냐, 앞꿈치 착지냐, 중간 착지냐, 러너들 사이에서 논쟁이 가장 치열한 부분이었기 때문이다. 그래서 의식적으로 뒤꿈치를 높이 들고 발끝으로만 내리려 애쓰기도 했고, 반대로 발바닥 전체로 착지하려 억지로 발바닥을 눌러 보기도 했다. 그러나 결과는 늘 같았다. 며칠 지나면 무릎이 욱신거리고 종아리가 뻣뻣하게 굳었다. 그럼에도 착지를 바꾸려는 노력은 몇 년간 계속되었다. 러닝 후 찾아오는 통증이 착지법의 문제라는 정보를 굳게 믿었기 때문이다.

하지만 수년 간의 자가 테스트 후 나름의 결론을 내렸다. 발이 땅에 닿는 방식 자체가 핵심이 아니었다. 진짜 문제는 몸의 중심이 어디를 향하고 있었는가였다. 중심이 뒤로 남은 채로 발끝만 세워봐야 충격은 그대로 관절로 돌아왔다. 반대로 몸통이 앞으로 자연스럽게 흐르면 발은 저절로 부드럽게(스스로 원하는 위치에) 떨어졌다. 결국 발의 문제라 여겼던 착지는 사실 몸통의 문제였다. 달리기의 중심은 다리에서 시작되지 않는다. 몸의 무게중심이 앞쪽으로 옮겨질 때, 다리는 그 흐름을 이어줄 뿐이다.

착지 충격을 줄이려면 상체를 어떻게 쓰느냐가 훨씬 중요하다. '허리를 곧게 세워라'라는 말은 오해를 불러일으키기 쉽다. 억지로 허리를 펴면 오히려 허리 근육에 힘이 잔뜩 들어가면서 골반이 굳는다. 내가 경험한 효과적인 방법은 훨씬 단순하다. 가슴을 살짝 열고 시선을 약 15m 전방 바닥을 본다는 느낌으로 멀리 두는 것이다.

고개를 너무 떨어뜨리지 않고, 어깨를 애써 당기지 않고, 그저 전방을 바라본다. 그러면 가슴이 자연스레 열리고, 턱이 살짝 당겨지며, 골반이 흔들림 없이 고정되는 느낌을 받는다. 골반이 고정되면 다리는 몸의 중심이 앞으로 나아가는 흐름을 부드럽게 이어주는 연결고리가 된다. 그 상태에서 착지는 자연스러운 곳에 위치하고 일정해지며 착지 소리도 줄어든다.

달리다가 발소리가 커진다면 대부분 상체가 무너졌다는 신호다. 몸이 앞으로 흐르지 않고, 땅 위로 '떨어지고 있다'는 뜻이다. 많은 러너가 그 순간 '발을 어떻게 디뎌야 하지?'라는 생각에 빠진다. 하지만 정작 고쳐야 할 건 발이 아니다. 어깨를 가볍게 내리고, 주먹을 풀고, 시선을 다시 멀리 두면 발소리가 곧 작아진다. 마치 음악이 다시 리듬을 찾듯, 상체의 균형이 돌아오면 착지도 자연스럽게 교정된다.

착지를 이야기할 때 빼놓을 수 없는 것이 체중의 흐름이다. 나는 오랫동안 달리기는 땅을 세게 밀어내는 운동이라고 생각했다. 그래서 발뒤꿈치로 땅을 찍듯이 내려누르고, 다음 순간 강하게 차올랐다. 순간적으로는 속도가 붙는 듯했지만 오래 가지 못했다. 왜냐하면 그때는 체중이 위로 솟구치며 다음 걸음을 더 무겁게 만들었기 때문이다. 반대로 달리기가 잘 풀릴 때는 전혀 다르게 느껴졌다. 힘을 땅에 꽂아 넣는 게 아니라, 체중이 발밑에서 앞으로 미끄러져 나갔다. 위로 솟는 느낌이 아닌, 앞으로 밀려가는 흐름. 바람이 등을 가볍게 밀어주는 것처럼 그 흐름을 유지하려면 발을 높이 들 필요

도, 땅을 세게 찰 필요도 없다. 오히려 짧고 가볍게, 흐름을 끊지 않는 게 더 중요하다.

그러니 이제 '앞꿈치냐, 뒤꿈치냐' 같은 소모적인 논쟁에서 벗어나길 권한다.

그보다 중요한 건, 내가 편하게 이어질 수 있는가다. 사람마다 다리 길이도, 아치 모양도, 근육의 쓰임도 다르다. 대신 어떤 사람에게나 통하는 기준이 있다. 발소리가 조용할 것, 골반이 흔들리지 않을 것, 체중이 앞으로 이어질 것. 이 세 가지가 동시에 충족되면 그게 좋은 착지다. 그 상태에서는 충격이 분산되고, 근육이 뻣뻣하게 굳지 않는다. 무엇보다도 오래 달린 뒤에 몸이 고르게 피곤해진다. 특정 부위만 욱신거리지 않고, 전신이 균등하게 피곤하다면 착지가 균형 잡혔다는 뜻이다.

착지와 자세를 고친다고 하면 많은 사람이 무언가를 새로 붙잡아야 한다고 생각한다. 팔 각도를 맞추거나 발 모양을 억지로 교정하거나, 보폭을 일정하게 유지하려 한다.

하지만 경험상 더 효과적인 방법은 정반대다. 불필요한 힘을 하나씩 덜어내는 것. 턱은 조이지 않고, 어깨는 올리지 않고, 주먹은 쥐지 않는다. 발을 차올리지도 않는다.

이 단순한 행동이 몸의 자연스러움을 되찾게 한다. 억지로 만들지 않아도, 이미 몸 안에 존재하던 균형이 드러난다.

그렇다고 해서 교정이 하루아침에 되는 건 아니다. 내 경우에는 발소리가 조용해졌는지 확인하는 것부터 시작했다. 러닝 중간에 잠깐 귀를 기울여 보고, 발소리가 커지면 곧바로 시선과 어깨를 조정했다. 또 골반이 흔들리는 날은 러닝 후 거울 앞에서 가볍게 제자리 달리기를 해보며 몸이 기울지 않는지 확인했다. 작은 습관을 반복하다 보니 어느 순간 착지가 자연스레 제자리를 찾았다. 발이 바뀐 게 아니라 몸이 바뀐 것이었다.

러닝의 자세와 착지는 특별한 기술이 아니다. 무릎을 높이 들거나 팔을 각 잡아 흔드는 동작과는 다르다. 그것은 흐름을 방해하지 않는 습관이다. 몸이 앞으로 이어지려는 흐름을 가로막지 않고, 불필요한 힘을 덜어내는 습관. 그 습관이 자리 잡으면, 몸은 알아서 가장 효율적인 자세를 찾아낸다.

100세까지 통증 없이 달리는 실전 기술

4장

페이스 '유지'보다 '조율'

처음 달리기를 배울 때 나는 '페이스 유지'라는 말을 끊임없이 되뇌며 달렸다. 1km를 몇 분에 달렸는지, 5km 평균 페이스가 얼마인지. 숫자가 일정할수록 좋은 러닝이라 믿었다. 하지만 몸은 숫자처럼 단순하지 않았다. 같은 코스, 같은 속도인데도 어떤 날은 3km에서 갑자기 무겁고, 어떤 날은 끝까지 가볍게 나아갔다. 속도는 일정했지만, 몸의 리듬은 늘 달랐다. 그때부터 생각했다. '러닝에서 정말 일정해야 하는 건 속도일까, 아니면 리듬일까?'

1. 왜 '유지'가 아니라 '조율'인가?

피로는 직선이 아니다. 하루의 컨디션과 수면, 식사, 기온, 바람이 모두 미세하게 영향을 준다. 인간의 몸은 기계처럼 연료를 균등하게 태우지 않는다. 그러니 균일한 속도를 유지하려는 시도는 애초에 무리였다. 하지만 우리는 오랫동안 '일정함'을 훈련의 미덕으로 배워왔다. 시계는 속도를 고정하려 하지만, 몸은 끊임없이 오르내린다. 그 불일치가 러너를 지치게 만든다. 그래서 나는 어느 순간부터 유지보다 '흐름'을 목표로 삼았다. 바로 '페이스 슬라이딩Pace Sliding'이다. 속도를 밀어붙이지 않고 피로의 곡선을 따라 유연하게 미끄러뜨리는 기술이다.

페이스 슬라이딩은 달리기의 균형을 되찾는 법이다. 속도를 일정하게 유지하는 대신, 몸의 신호에 따라 미세하게 위아래로 조정한다. 호흡의 흐름을 깨뜨리지 않는 선에서 속도를 낮추거나 높인다. 예를 들어 초반 2km에서 호흡이 예상보다 거칠다면 보폭을 반 발짝 줄이고 팔의 흔들림을 조금 완화한다. 반대로 중반 이후 몸이 풀리고 리듬이 살아날 땐, 굳이 그 속도를 억지로 누르지 않는다. 중요한 건 균등한 힘 분배가 아니라 지속 가능한 흐름이다. 달리기에서 진짜의 일관성은 숫자가 아니라 호흡의 안정성에 있다.

2. 내 몸의 피로 곡선 읽는 법

이 감각을 익히려면, 우선 몸이 보내는 피로의 흐름을 관찰의 언어로 바꿔야 한다. 대부분의 러너가 겪는 피로는 세 구간의 곡선으로 나타난다. 첫째, 긴장 구간이다. 출발 직후 몸이 아직 깨어나지 않아 호흡이 불규칙하고 근육이 경직된 상태로, 이때는 속도를 억지로 올리면 안 된다. 둘째, 안정 구간이다. 10분쯤 지나면 리듬이

정리되며 호흡이 부드러워지고, 이때 가장 편한 리듬이 무엇인지 몸이 알려준다. 셋째, 피로 구간이다. 20~30분 이후 서서히 체온이 오르고 에너지가 떨어지면서 몸의 리듬이 미세하게 흐트러진다. 다리의 무게감과 어깨의 긴장, 호흡의 거침이 이때 찾아온다.

대부분의 러너는 세 번째 구간에서 '유지'를 택한다. 시계의 숫자를 지키기 위해 힘을 더 쓴다. 하지만 숙련자는 이때 속도를 줄인다. 리듬을 보존하기 위해서다. 이 1~2분의 조정이 전체 흐름을 살린다. 페이스 슬라이딩은 이처럼 곡선의 흐름을 따라가는 조정력이다.

나의 경우, 훈련 때마다 러닝일지에 피로 곡선을 간단히 기록해 둔다.

1~3km: 긴장 구간 — 다리 무겁고 호흡 불규칙

4~7km: 안정 구간 — 호흡 고르고 리듬 일정

8~10km: 피로 구간 — 종아리 뻣뻣, 어깨 긴장

11~12km: 회복 슬라이딩 — 보폭 반 칸 줄이고, 호흡 길게, 리듬 회복

이런 기록이 쌓이면 '내 몸의 곡선'이 보인다. 그러면 어느 시점에 피로가 오는지, 언제 다시 풀리는지 감각적으로 알 수 있다. 결국 페이스 슬라이딩은 숫자 조정이 아니라 감각의 조율이다.

3. 실전 감각을 다듬는 '리듬 체크 포인트'

이 감각을 실전에서 다듬는 가장 쉬운 방법은 '리듬 체크 포인트'

를 만드는 것이다. 예를 들어 1km마다 자신에게 묻는다. 지금 어깨 힘이 빠져있는가? 호흡이 부드럽게 이어지는가? 발소리가 커지고 있지는 않은가? 셋 중 하나라도 '아니요'라면, 바로 리듬을 조정한다. 보폭을 줄이거나 팔의 흔들림을 완화하거나, 잠시 20걸음 정도만 걷는다. 그 20걸음이 피로 곡선을 완화해 준다. 이런 순간적인 조정이 '하락'이 아니라 '회복'으로 작용한다.

몸이 보내는 신호는 생각보다 정직하다. 허벅지가 묵직해질 때는 보폭이 길어졌다는 뜻이고, 어깨가 결릴 때는 팔이 앞뒤로 과하게 흔들리고 있다는 뜻이다. 발소리가 커질 때는 상체 중심이 뒤로 기울었다는 신호다. 그럴 때는 중심을 살짝 앞으로 옮기면 리듬이 바로잡힌다. 이런 미세한 변화를 즉시 읽고 리듬을 다듬는 것이 페이스 슬라이딩의 본질이다. 이 감각이 생기면, 더 이상 속도를 맞추는 달리기가 아니라 흐름을 유지하는 달리기가 된다.

나는 페이스 슬라이딩을 리듬의 미세 조정 기술이라 부른다. 이 조정은 단순한 속도 조절이 아니다. 심리적 안정과 신체 리듬이 서로 균형을 찾는 과정이다. 몸이 힘들어질수록 사람은 무의식적으로 '더 세게' 반응한다. 하지만 슬라이딩은 반대로 '덜 하면서 오래가는 법'을 가르쳐 준다. 힘을 분산시켜 피로의 봉우리를 깎고, 달리기를 끝까지 이어가게 만든다.

이 방식의 가장 큰 장점은 회복의 효율이다. 페이스 슬라이딩을 꾸준히 적용하면, 훈련 후 피로감이 누적되지 않는다. 근육의 한 부위가 터지듯 아픈 대신, 전신이 고르게 피로하다. 이것은 에너지가

특정 부위에 몰리지 않고 분산되었다는 신호다. 그리고 그다음 날, 다시 달리고 싶은 마음이 생긴다.

페이스 슬라이딩은 달리기를 단거리의 승부가 아니라 하루의 대화로 바꿔준다. 몸이 오늘의 리듬을 말하고, 나는 그 리듬을 따라 속도를 흘려보낸다. 시계가 아니라 호흡이 속도를 정하고, 데이터가 아니라 감각이 방향을 잡는 것이다.

진정한 달리기의 고수는 끝까지 밀어붙이는 사람이 아니라, 지혜롭게 흐름을 조율하며 파도를 넘는 사람이다. 페이스를 세우는 것이 아니라, 흐름을 계속 잇는 사람. 그게 바로 오래 달리는 사람의 비밀이다.

5장

러닝 통증의
올바른 이해

통증은 러너의 언어다. 그 언어를 잘못 해석하면 경고가 부상으로 바뀌고, 올바로 읽어내면 회복의 신호가 된다. 달리기에서 느끼는 통증은 대부분 "이 정도는 괜찮아"와 "지금은 멈춰야 해" 사이의 모호한 구간에 있다. 문제는 우리가 그 경계를 너무 늦게 알아차린다는 점이다. 의지로 버티는 걸 훈련이라 착각하고, 통증을 악으로 규정하는 순간 몸의 대화는 끊어진다.

달리기를 막 시작했을 무렵, 종아리와 발목의 통증이 잦았다. 처음엔 "이 정도는 근육이 단련되는 과정이겠지"라고 넘겼다. 하지만 통증은 점점 깊어졌고, 결국 몇 주씩 쉬지 않으면 다시 달릴 수 없었다. 그때는 통증을 참는 법만 알고, 듣는 법은 몰랐다. 그러나 속도를 낮추고 슬로 조깅으로 전환하면서 몸이 보내는 미세한 신호들이

들리기 시작했다. 발끝이 유난히 무겁게 떨어지는 날이나 엉덩이가 단단히 조여드는 날, 무릎 앞이 아니라 옆이 당기는 날처럼 그 미묘한 차이를 느낄 수 있었다. 몸의 피드백을 제대로 관찰하자, 통증의 원인은 대부분 잘못된 운동 강도와 회복 부족에 있었다.

통증을 구분하는 가장 기본적인 기준은 '대칭'이다. 오른쪽과 왼쪽의 느낌이 비슷하면 단순 피로일 가능성이 높고, 한쪽만 유난히 묵직하거나 날카롭다면 부상에 가까운 신호다.

특히 달리는 중에도 불편함이 커지거나, 멈춘 뒤 30분 이상 통증이 지속된다면 반드시 쉬어야 한다. 반면 달리는 중엔 조금 뻣뻣하다가, 속도를 낮추면 완화되고, 다음 날엔 가라앉는 정도라면 근육이 회복을 요청하는 '사용 후 피로'로 볼 수 있다. 중요한 건 참는 것이 아니라 변화를 관찰하는 것이다. 슬로 조깅은 바로 그 관찰을 가능하게 만든다. 속도가 느리면 감각이 또렷해지고, 불균형이 어디서 오는지 잡히기 때문이다.

몸의 어느 부위가 가장 자주 신호를 보내는지도 기록해 두면 좋다. 무릎 앞쪽은 과한 보폭이나 착지 충격에서, 종아리 안쪽은 지면 반발을 너무 세게 받았을 때, 허리나 엉덩이는 상체의 긴장이 풀리지 않았을 때 주로 나타난다. 발바닥의 통증은 의외로 지나치게 조심스러운 착지에서 비롯되기도 한다. 바닥을 너무 살피며 발을 세게 누르지 않으려 하면, 발가락 근육이 지속적으로 긴장해 피로가 쌓인다. 반대로 뒤꿈치 착지가 강할 땐 정강이 앞쪽 근육이 먼저 신호를 보낸다. 결국 대부분의 통증은 잘못된 움직임의 결과이지 달리기 그 자체의 문제는 아니다.

나는 통증을 느낄 때마다 세 가지를 확인한다. 첫째, 통증의 위치는 같은가. 둘째, 통증이 움직일수록 심해지는지 아니면 완화되는지. 셋째, 통증이 어제보다 강해졌는가. 이 세 가지 중 하나라도 '예'라면 멈춘다. 대신 가벼운 걷기나 스트레칭, 혹은 요가 매트에서 코어 강화 운동을 한다. 근육이 완전히 쉬기보다, 부드럽게 혈류를 돌려주는 것이 회복에 도움이 되기 때문이다. 이렇게 이틀 정도 조정을 하면 대부분의 가벼운 통증은 가라앉는다. 하지만 통증이 깊어지거나 관절 주변의 '찌릿한' 감각이 반복된다면, 그때는 전문가의 진단을 받는 게 가장 빠른 길이다.

슬로 조깅을 꾸준히 하는 사람 중엔 부상이 눈에 띄게 줄었다고 말하는 이들이 많다. 그 이유는 간단하다. 몸의 피로가 한계에 다다르기 전에 감각이 알려주기 때문이다. 숨이 벅차지 않으니 작은 불균형이 명확히 들린다. 어깨가 한쪽으로 기울면 팔의 흔들림이 달라지고, 발소리가 조금만 커져도 금세 귀에 들어온다. 속도를 낮추면 몸이 스스로 조율을 시작한다. 이런 '감각의 복원'이 슬로 조깅의 가장 큰 이점이다.

통증을 다룰 때 자주 놓치는 부분은 심리적인 피로다. 몸보다 마음이 먼저 지칠 때가 많다. "오늘은 꼭 뛰어야 해"라는 압박, "이만큼은 해야 의미 있어"라는 강박이 근육의 피로보다 더 깊은 긴장을

만든다. 심리적 피로가 쌓이면 몸의 작은 신호도 과하게 느껴진다.

단순한 근육통이 부상처럼 느껴지고, 평소보다 조금만 몸이 무겁게 느껴져도 포기하고 싶어진다. 이때 필요한 건 더 많은 훈련이 아니라 '의식적인 속도 하향'이다. 걷기 3분, 조깅 2분을 반복하며 움직임의 끈을 이어가는 것만으로도 충분하다. 중요한 건 흐름을 끊지 않는 것이다.

회복도 기술이다. 슬로 조깅 후 5분의 느린 걸음과 10분의 스트레칭이 하루 전체의 통증을 줄인다. 통증은 대부분 달리기 중이 아니라 달리기 '후'의 방치에서 커진다. 샤워 뒤 따뜻한 물로 종아리를 문지르거나, 폼롤러로 허벅지를 가볍게 굴리는 습관만으로도 잔 긴장은 내려간다. 수면 전 5분, 발목을 천천히 돌리고 허리를 살짝 비트는 동작을 더하면 다음 날의 피로도가 달라진다. 이런 반복이 쌓이면 통증은 두려움이 아니라 관리 가능한 지표가 된다.

러너들이 자주 범하는 또 하나의 실수는 회복의 시간을 일정하게 정해두는 것이다. "이틀은 쉬었으니 괜찮겠지"라는 식의 기준. 하지만 회복은 날짜가 아니라 상태의 문제다. 수면이 부족했거나, 식사를 대충 때웠거나, 스트레스 지수가 높으면 회복은 늦어진다. 통증이 없더라도 몸이 묵직하고 집중이 잘 안 되는 날엔, 그대로 뛰기보다 15분만 느리게 걷거나 조깅으로 전환하는 게 현명하다.

통증을 피할 수 있는 가장 좋은 방법은 '억지로 나를 이기지 않는 것'이다. 대부분의 부상은 어제보다 조금 더 잘하고 싶을 때 발생한다. 하지만 슬로 조깅은 '어제보다 오래'가 아니라 '내일도 다시'가 목표다. 이 단순한 기준 하나로 통증의 절반은 예방된다. 통증을 완전히 없애려는 시도보다, 통증을 '대화의 일부'로 받아들이는 태도가 더 중요하다. 그 태도는 몸을 안전하게, 그리고 오랫동안 달리게 만든다.

달리기의 기술은 통증을 지우는 법이 아니라, 통증을 읽는 법이다. 느린 속도로 달리며 얻은 이 감각이야말로, 긴 시간 달리기를 지속하게 하는 가장 확실한 기술이다. 통증은 멈추라는 적신호가 아니라, 방향을 재설정하라는 안내음이다. 그 목소리에 비로소 귀 기울이는 순간, 부상 없는 진짜 달리기가 시작된다.

100세까지 통증 없이 달리는 실전 기술

6장 달리지 않는 시간의 힘: 회복 프로세스

달리기의 진짜 실력은 트랙 위가 아닌, 트랙을 떠난 후의 시간에서 드러난다. 같은 거리를 달려도 누구는 다음 날 가뿐하게 다시 출발선에 서고, 누구는 며칠씩 소파 위에서 몸을 뒤척인다. 훈련량이 아니라 회복력이 퍼포먼스의 총량을 결정한다는 사실을, 나는 수없이 겪은 무릎 통증과 끝이 보이지 않던 정체기를 거치며 깨달았다. 한때는 "많이 달려야 강해진다"라는 말을 주문처럼 외웠다. 하지만 이제는 안다. "잘 쉬어야 더 멀리 간다." 러닝의 절반이 길 위에서의 전진이라면, 나머지 절반은 길 위에서 얻은 것을 내 몸에 새기는 고요한 건축의 시간이다.

회복은 멈춤이 아니라, 성장을 향한 능동적인 과정이다. 피로는 근육에만 쌓이지 않는다. 신경계의 과부하, 호르몬 불균형, 심박 변동성의 저하까지, 우리 몸의 모든 시스템에 미세한 균열을 남긴다. 운동생리학에서는 이 균열이 메워지며 이전보다 더 높은 수준으로 신체가 적응하는 현상을 '초과회복 Supercompensation' 이라 부른다. 훈련이 기존의 벽을 허무는 행위라면, 회복은 그 자리에 더 높고 단단한 벽을 세우는 과정이다. 이 초과회복의 원리를 이해하지 못하면, 우리의 훈련은 성장이 아닌 소모로 끝날 뿐이다.

문제는 대부분의 러너가 벽을 허물기만 할 뿐, 다시 짓지 않는다는 데 있다. 피로가 쌓인 근육의 미세 손상 Micro-Tear 이 아물기도 전에 다시 트랙으로 나선다. 손상은 누적으로, 피로는 만성으로 변한다. 이때 몸은 아주 정직한 신호를 보낸다. '느리게 달려도 유난히 무겁다', '숨이 끝까지 차지 않는다', '이유 없이 의욕이 떨어진다'. 이 신호들은 나태의 증거가 아니라, 몸이 보내는 절박한 구조 요청이다.

회복의 시스템은 크게 네 가지 기둥 위에 세울 수 있다. 시간의 균형, 호흡과 체온, 그리고 수면과 영양이다.

첫째, '시간의 균형'이다. 나는 훈련 강도와 회복 시간을 1:1로 맞추는 것을 원칙으로 삼는다. 1시간의 달리기를 했다면, 최소 1시간은 오롯이 회복을 위해 사용한다. 예를 들어 60분의 러닝을 했다면, 이어진 20분은 쿨다운과 스트레칭에, 그 후 40분은 수분 보충과 식

튜더 O. 봄파·카를로 A. 부치켈리, 『스포츠 트레이닝의 주기화』, 김기홍·고성식 외 옮김, 대한미디어, 2024.

사, 종아리 마사지 등에 투자한다. 피로가 깊은 날엔 회복 비율을 두 배로 늘린다. 이때 가장 효과적인 방법 중 하나는, 평소보다 수면 시간을 1시간 정도 의식적으로 늘리는 것이다. 이 '회복 비율' 개념을 적용하자, 몸은 거짓말처럼 안정되었다. 예전엔 한 번의 강도 높은 훈련이 3일의 피로를 남겼지만, 이제는 충실한 하루의 회복으로 충분하다.

회복의 문을 여는 열쇠는 '호흡'이다. 달리기를 마친 직후, 거친 숨을 어떻게 다스리느냐가 회복의 질을 결정한다. 급하게 멈춰 서면 혈액 속에 쌓인 피로물질(젖산 등)이 근육에 그대로 정체하지만, 3~5분간 속도를 점차 낮추며(쿨다운) 깊은 날숨을 반복하면, 원활해진 혈류가 노폐물을 효율적으로 씻어낸다. 이 몇 분의 사소한 차이가 다음 날 아침의 다리 상태를 완전히 바꿔놓는다.

둘째, '체온' 관리다. 이는 많은 러너들이 잘못된 신화를 믿고 있는 영역이다.

과거의 나 역시 '운동 직후엔 무조건 아이싱'이라는 공식을 맹신했다. 달리기를 마치자마자 얼음주머니를 무릎에 올리고, 찬물 샤워로 몸의 열기를 빼앗는 것이 가장 빠른 회복이라 착각했다. 하지만 이는 절반만 맞는 이야기다. 운동생리학적으로, 급격한 냉각은 염증 반응을 억제해 단기적인 통증 완화 효과를 주지만, 동시에 회복에 필수적인 혈류 순환을 방해하는 모순을 낳는다. 특히 선수들이 경기 중 부상 부위를 응급 처치하는 방식이, 일반인의 일상적인 회복 루틴으로 와전된 측면이 크다.

가장 이상적인 프로토콜은 '선(先) 이완, 후(後) 진정'이다. 운동 직후에는 38~40℃의 따뜻한 샤워로 근육의 긴장을 풀고 혈액순환을 촉진해 노폐물 배출을 돕는다. 그 후 1~2시간이 지나 염증 반응이 본격적으로 일어날 수 있는 시점에, 무릎이나 발목 등 특정 부위에만 10~15분간의 짧은 냉찜질을 적용한다. 이처럼 전략적인 온도차 활용이 회복의 리듬을 최적화한다.

셋째, '영양과 수분'이다. 근육은 단백질 이전에 먼저 충분한 수분을 필요로 한다. 운동 중 탈수가 누적되면 체온 조절과 심박 반응, 운동 수행능력이 떨어질 수 있으며, 일반적으로 체중의 약 2% 수준의 수분 손실부터 유산소 운동 능력 저하가 뚜렷해진다고 알려져 있다. 달리기 직후 미지근한 물 한 잔, 그리고 약간의 전해질 음료가 가장 빠른 응급처치다. 단백질 섭취의 골든타임은 운동 후 30분에서 1시간 사이다. 이 시간 동안 근육의 단백질 흡수율이 극대화된다. 나는 거창한 보충제 대신 두유 한 팩, 삶은 달걀 한 알, 바나나 하나 정도의 단순한 조합을 선호한다. 회복기에는 과잉보다 '적시의 소량'이 더 효과적이다.

넷째, '수면'이다. 수면은 신이 설계한 최고의 재생 프로그램이

Journal of Applied Physiology 65, no. 10 (1988).

다. 특히 잠이 든 뒤 초기 수면, 특히 깊은 수면non-REM 동안 성장호르몬 분비가 활발해지며, 이는 신체 회복 과정과 밀접한 관련이 있다. 수면 시간을 줄이는 것은 훈련 시간을 줄이는 것과 같다. 6시간 이하로 잔 날의 훈련은 성장이 아니라 노동에 가깝다. 나는 그런 날엔 계획된 훈련이 있더라도 과감히 걷거나 쉰다. 꾸준히 달리고 싶다면, 수면을 트레이닝의 일부로 편성해야 한다.

마지막 기둥은 '정신적 이완'이다. 훈련이 교감신경을 극한으로 활성화하는 전투 모드였다면, 회복은 부교감신경을 자극하는 '휴식' 모드로의 전환이다. 이 신경계의 스위치를 켜는 것이 정신적 이완의 핵심이다. 훈련이 끝난 뒤 10분, 조용히 앉아 호흡을 고르는 시간을 가져보라. 음악을 듣거나, 창밖의 풍경을 멍하니 바라보는 것만으로도 충분하다. 나는 러닝 기록을 정리하며 스스로에게 묻는다. "오늘 달리기의 어떤 순간이 가장 평화로웠는가?" 이 질문 하나가 긴장으로 날 서 있던 신경계를 부드럽게 잠재운다.

슬로 조깅은 이 모든 회복의 리듬을 몸으로 배우는 가장 완벽한 훈련법이다. 속도를 낮추면 근육의 미세 손상이 줄고, 심박이 빠르게 안정되며, 초과회복 곡선이 효율적으로 그려진다. 속도 훈련이 글씨를 쓰는 행위라면, 슬로 조깅은 쓴 글씨를 다시 읽고 다듬으며

Eve Van Cauter and Laurence Plat, "Physiology of Growth Hormone Secretion during Sleep," J Pediatr 128, no. 5 Pt. 2 (1996): S32–S37.

자기 것으로 만드는 과정이다. 많은 러너들이 나이를 잊고 꾸준히 달리는 비결은 폭발적인 스피드가 아니라, 지치지 않는 회복 시스템에 있다.

달리기의 완성은 회복이라는 이름의 마침표에서 온다. 훈련은 오늘의 나를 단련시키지만, 회복은 내일의 나를 지켜준다. 진정 강한 러너는 무리하는 사람이 아니라, 돌아올 자리를 아는 사람이다. 슬로 조깅으로 하루의 흥분을 가라앉히고, 내 몸의 재건축을 돕는 좋은 습관을 쌓는 것. 그것이 앞으로 이어질 달리기를 위한 가장 단순하고도 강력한 기술이다.

7장

트레드밀? 야외러닝?
정교한 러닝 설계법

러너의 하루는 두 개의 세계 앞에서 시작된다. 기계의 균일한 소음이 지배하는 실내와, 예측 불가능한 바람의 호흡이 감도는 실외. 날씨가 좋으면 자연을 택하고, 폭염이나 미세먼지가 심한 날엔 트레드밀 위로 오른다. 하지만, 이 선택의 기준이 단지 편의성에만 머무른다면, 우리의 달리기는 성장을 멈춘다. 실내와 실외는 어느 한쪽이 우월한 상하 관계가 아니라, 훈련의 목적에 따라 의식적으로 선택하고 조합해야 하는 상호보완적인 도구다.

트레드밀은 완벽하게 통제된 '러닝 실험실'이다. 온도와 습도, 속도와 경사도까지 모든 변수를 제어할 수 있다. 정해진 페이스를 흐트러짐 없이 유지해야 하는 인터벌 훈련이나, 부상 회복을 위해 충격을 최소화해야 할 때 트레드밀은 최고의 선택지다. 하지만, 이 통제된 환경의 이면에는 '신경근계의 습관화^{Neuromuscular Habituation}'라는 함정이 있다. 똑같은 자극이 반복되면 우리 몸은 더 이상 새로운 적응을 시도하지 않고, 최소한의 에너지로 움직이려 한다. 성장은 정체되고, 달리기는 지루한 노동이 된다.

반면 실외는 살아있는 '러닝 필드'다. 미세하게 변하는 노면의 각도, 방향을 예측할 수 없는 바람의 저항, 시시각각 눈에 들어오는 풍경의 변화 등 이 모든 불규칙성은 우리 몸의 균형감각과 적응력을 깨우는 최고의 자극제다. 트레드밀이 특정 근육을 반복적으로 단련시킨다면, 실외 러닝은 수많은 협응근을 동원하여 전신을 하나의 유기적인 시스템으로 통합시킨다.

근육의 사용 패턴에도 결정적인 차이가 존재한다. 트레드밀에서는 벨트가 발을 뒤로 밀어주기 때문에, 지면을 박차는 둔근과 햄스트링의 개입이 줄어들고 허벅지 앞쪽(대퇴사두근)에 의존하게 된다. 트레드밀 훈련에만 익숙한 러너가 야외에 나갔을 때 종아리나 무릎 통증을 쉽게 느끼는 이유가 바로 여기에 있다. 해결책은 의외로 간단하다. 트레드밀 경사도를 1~2%로 설정하는 것이다. 이 작은 변화만으로도 실제 노면의 저항과 유사한 환경이 만들어져, 후면 근육 사슬을 효과적으로 자극할 수 있다.

튜더 O. 봄파·카를로 A. 부치켈리, 『스포츠 트레이닝의 주기화』, 김기홍·고성식 외 옮김, 대한미디어, 2024.

100세까지 통증 없이 달리는 실전 기술

나는 트레드밀을 나의 '러닝 컨디션 분석실'로 활용하기도 한다. 예를 들어, 새로 산 러닝화가 내 발에 정말 맞는지 확인하고 싶을 때, 변수가 없는 트레드밀 위에서 10분간 달려보며 특정 부위에 압력이 쏠리지는 않는지 미세하게 점검한다. 혹은 나의 이상적인 케이던스를 찾고 싶을 때, 외부 저항 없이 메트로놈 앱을 켜고 정확한 박자에 맞춰 달려보며 가장 편안한 리듬을 몸에 각인시키는 실험을 한다. 이처럼 트레드밀은 외부 환경의 방해 없이, 오롯이 나와 내 몸의 움직임 자체에만 집중하게 만드는 최고의 도구다.

실외 러닝이 주는 가장 큰 선물은 '고유수용성 감각^{Proprioception}'의 회복이다. 이는 눈을 감고도 내 몸의 위치와 움직임을 인지하는 능력으로, 달리기의 안정성을 좌우하는 핵심 감각이다. 아스팔트, 흙길, 약간 기울어진 보도블록 등 미세하게 달라지는 지면의 정보를 발바닥으로 읽어내며, 우리 몸의 신경계는 수만 개의 미세 근육을 동원해 넘어지지 않고 균형을 잡는 법을 끊임없이 학습한다.[•] 이는 평평한 벨트 위에서는 결코 얻을 수 없는, 살아있는 땅과의 대화다. 비 온 뒤 흙냄새, 뺨을 스치는 차가운 새벽 공기, 멀리서 들려오는 아이들의 웃음소리. 이 모든 감각의 합주가 우리의 달리기를 단순한 칼로리 소모 행위에서, 온몸으로 세계를 경험하는 하나의 의식으로 격상시킨다.

[•] 캐롤린 키스너·린 앨런 콜비·존 보르스타드, 『운동치료총론』, 채정병 외 옮김, 영문출판사, 2025.

심리적 효과는 더욱 극명하게 갈린다. 실외 러닝은 '주의력 회복 이론^{Attention Restoration Theory}'의 효과를 극대화한다. 하늘, 나무, 스쳐 지나가는 사람들의 모습 같은 자연적이고 복합적인 자극이 스트레스로 고갈된 뇌의 인지 자원을 재충전시킨다.

실외 달리기가 끝나면 머리가 맑아지는 느낌이 드는 것은 단순한 기분 탓이 아니다. 과학적으로 증명된 뇌의 회복 과정이다. 반면 시야가 고정된 트레드밀 위에서는 심리적 해방감보다 '과업 수행'의 성격이 강해진다. 나는 이 단조로움을 극복하기 위해, 리듬이 명확한 음악이나 오디오북을 활용해 의식의 흐름을 다른 곳으로 옮겨 놓는다.

하지만 트레드밀이 주는 가장 큰 위험은 '데이터의 함정'이다. 눈앞의 스크린은 0.1km/h의 속도 변화, 1칼로리의 소모량까지 모든 것을 숫자로 보여주며 우리를 통제의 환상에 빠뜨린다. "오늘은 5km를 30분 안에 끝내야 해." 이 목표에 집착하는 순간, 우리는 몸의 목소리를 잃는다. 호흡이 거칠어지는 신호, 무릎이 미세하게 불편하다는 감각은 무시되고, 오직 화면 위의 숫자가 달리기의 주인이 된다. 실외 러닝은 우리를 이 데이터의 감옥에서 해방시킨다. 정해진 숫자 대신, 오늘의 바람 세기와 내 몸의 컨디션이 페이스를 결정하게 만든다. 이는 감각의 복원이자, 달리기 주도권을 기계에서

Rachel Kaplan and Stephen Kaplan, The Experience of Nature: A Psychological Perspective (Cambridge: Cambridge University Press, 1989).

100세까지 통증 없이 달리는 실전 기술

나에게로 되찾아오는 과정이다.

결국 핵심은 이 두 세계를 어떻게 직조하여 나만의 '러닝 포트폴리오'를 만드느냐에 있다. 나는 주중의 달리기를 '기본기를 다지는 시간'으로 삼는다. 바쁜 일과 속에서 예측 가능한 트레드밀 위를 달리며, 목표한 페이스와 시간을 정확히 지키는 훈련으로 체력의 기초를 쌓는다. 반면 주말의 달리기는 '리듬을 확장하는 시간'이다. 주중에 쌓은 단단한 체력을 바탕으로, 변화무쌍한 실외로 나가 내 몸의 적응력을 시험한다. 일부러 언덕이 있는 코스를 선택해 심폐지구력에 새로운 자극을 주고, 강변의 바람을 맞으며 정신적 피로를 씻어낸다. 이처럼 실내에서 루틴을 만들고 실외에서 그 루틴을 깨뜨리는 변주를 반복할 때, 우리의 달리기는 정체되지 않고 꾸준히 성장한다.

나는 비 오는 날이나 미세먼지가 많은 날, 중요한 발표를 앞둬 집중력이 필요한 날엔 주저 없이 트레드밀을 택한다. 하지만 일주일에 최소 한 번은 반드시 밖으로 나간다. 실외의 불규칙한 공기가, 기계 위에서 정형화된 내 몸의 리듬을 다시 야생의 상태로 되돌려 놓기 때문이다. 트레드밀 위의 5km와 강변길의 5km는 숫자는 같아도, 내 몸에 새겨지는 경험의 결은 완전히 다르다.

물론 각 환경에는 지켜야 할 원칙이 있다. 트레드밀 위에서는 상체를 과도하게 숙이지 않도록 주의해야 한다. 시선은 정면을 향하고, 건조한 실내 공기에 대비해 수시로 수분을 보충한다. 실외에서는 안전이 최우선이다. 이어폰 볼륨을 줄여 주변 상황을 인지하고, 신호 대기 시간을 가벼운 스트레칭 기회로 활용한다. 특히 계절 변화에 민감해야 한다. 겨울에는 충분한 워밍업으로, 여름에는 뜨거운 시간대를 피해 몸을 보호해야 한다.

오늘은 어디서 뛸까? 이 질문을, "오늘은 어떤 목적을 위해 뛸까?" 라는 질문으로 바꾸는 순간, 우리의 달리기는 한 단계 진화한다. 실내의 정교함으로 몸의 컨디션을 다듬고, 실외의 자유로움으로 마음의 활력을 채워라. 두 개의 세계를 능숙하게 오갈 때, 달리기는 단순한 운동을 넘어 나의 삶을 관리하는 지혜로운 기술이 된다.

8장

발과 지갑을 지키는 러닝화 선택의 기술

지면이 달라지면, 신발이 해야 할 일도 달라진다. 트레드밀의 균일한 벨트, 도심의 단단한 아스팔트, 공원의 부드러운 흙길. 이 모든 환경은 각기 다른 언어로 우리 몸에 말을 건다. 러너에게 신발이란, 이 지면의 언어를 내 몸이 이해할 수 있는 언어로 바꿔주는 첫 번째 '번역가'다. 이 번역이 정확하고 유려할수록, 나와 지면은 서로 더 부드럽게 대화할 수 있게 된다.

나는 초보 시절, '좋은 신발은 가볍고 빠른 신발'이라는 말을 맹신했다. 엘리트 선수들이 신는 날렵한 레이싱화를 따라 샀고, 처음엔 구름 위를 걷는 듯한 착각에 빠졌다. 하지만 그 환상은 오래가지 않았다. 10km 지점부터 종아리는 돌처럼 굳었고, 다음 날 아침엔 무릎에서 삐걱거리는 소리가 났다. 당시엔 내 몸이 약한 탓이라 자책했다. 하지만 진짜 문제는 내 몸의 체력이 아니라, 신발이라는 번역가가 내 몸의 수준을 전혀 고려하지 않고 지면의 말을 거칠게 통역한 '매칭의 오류'였다.

러닝화의 세계에서 가장 많이 사용되는 세 가지 키워드는 바로 '쿠셔닝(충격 흡수), 안정성(균형 유지), 반응성(에너지 반환)'이다. 초보 러너는 즉각적인 탄성을 느끼게 해주는 '반응성'에 매료되지만, 이제 막 달리기를 시작한 몸에게 가장 필요한 언어는 '쿠셔닝'이다. 달리기는 체중의 3~5배에 달하는 충격이 반복되는 운동이다. 아직 충격을 받아낼 근육과 인대가 단련되지 않은 상태에서는, 추진력을 얻는 것보다 관절을 보호하는 것이 압도적으로 중요하다. 푹신한 쿠션은 단순한 편안함을 넘어, 부상으로부터 우리를 지키는 가장 확실한 보험이다.

그렇다면 러닝화를 고를 때 가장 중요한 기준은 무엇인가? 그것은 바로 내 발의 고유한 구조를 이해하는 것이다. 신발은 발의 형태를 따라가는 것이 아니라, 발의 약점을 보완하고 강점을 지지해야 한다. 발의 아치(족궁)가 무너지는 순간, 그 충격은 발목, 무릎, 고관절, 심지어 허리까지 이어지는 '운동 사슬^{Kinetic Chain}' 전체를 뒤흔든다. 잘못된 신발 선택이 발이 아닌 무릎과 허리의 통증으로 나타나는 이유가 바로 여기에 있다.

발볼 또한 마찬가지다. 디자인이 예쁘다는 이유로 발볼이 좁은 신발에 발을 억지로 구겨 넣는 행위는, 달리는 내내 발가락의 자연

스러운 움직임을 억압하여 착지 안정성을 무너뜨린다. 나 역시 그 어리석음의 대가로 새까만 멍이 든 발톱을 몇 달간 감추고 다닌 적이 있다. 그 후로는 신발을 고를 때 브랜드의 디자인이 아니라, 발볼 사이즈 옵션(2E, 4E 등)을 제공하는지를 먼저 확인한다. 기억하라. 신발은 발가락이 피아노를 치듯 자유롭게 움직일 수 있는 공간을 허락해야 한다.

매장에서 신발을 고를 때는 나만의 '피팅 프로토콜'을 따른다. 첫째, 저녁 시간에 방문한다. 하루 종일 활동한 발은 미세하게 부어 있으므로, 저녁의 발 사이즈가 실제 달릴 때의 발 크기와 가장 가깝다. 둘째, 반드시 평소에 신는 러닝 양말을 챙겨 간다. 미세한 두께 차이가 착용감을 완전히 바꾸기 때문이다. 셋째, 신발을 신고 일어선 상태에서 가장 긴 발가락 끝과 신발 끝 사이에 엄지손톱 하나(약 1cm) 정도의 여유 공간이 있는지 확인한다. 넷째, 끈을 단단히 묶고 매장 안을 그냥 걸어보는 것이 아니라, 가볍게 뛰어 본다. 이때 발 뒤꿈치가 헐겁게 들썩이지는 않는지, 발등의 특정 부위에 압박감이 느껴지지는 않는지를 집중적으로 점검한다. 현대의 러닝화는 길들일 필요 없이 처음부터 편해야 좋은 신발이다. 조금이라도 불편한 구석이 느껴진다면, 과감히 다른 모델을 요청해야 한다.

신발이 보내는 은퇴 신호 역시 정확히 읽어야 한다. 밑창이 닳는 속도보다 중창(미드솔)의 탄성이 죽는 속도가 훨씬 빠르다. 겉은 멀쩡해 보여도, 충격 흡수라는 핵심 기능을 상실한 '좀비 신발'일 수 있는 것이다. 일반적으로 600~800km를 교체 주기로 보지만, 이것이 절대적인 기준은 아니다. 가장 확실한 진단법은 신발 두 짝을 평평한 바닥에 놓고 뒤에서 바라보는 것이다. 뒤꿈치 부분이 안쪽이나 바깥쪽으로 눈에 띄게 기울어져 있다면, 이미 지지 구조가 무너졌다는 명백한 증거다. 또한, 새 신발을 샀을 때 중창의 가장 두꺼운 부분 높이를 기록해 두고, 2mm 이상 주저앉았을 때도 교체를 고려해야 한다.

또 하나의 착각은 '비싼 신발은 오래간다'라는 믿음이다. 오히려 최상급 레이싱화일수록 수명이 극단적으로 짧다. 극한의 경량화를 위해 내구성을 희생한 결과다. 따라서 현명한 러너는 신발을 목적에 따라 구분하는 것을 철칙으로 삼는다. 가장 기본적이고 필수적인 구분은 매일의 훈련을 위한 '데일리 트레이닝화'와 기록 측정을 위한 '레이싱화'로 나누는 것이다. 연구에 따르면, 이처럼 성격이 다른 두 종류의 신발을 번갈아 신는 것만으로도 특정 근육의 과사용을 막아 부상 위험을 39%까지 낮출 수 있다.

여기서 한 단계 더 나아가 나의 경우에는, 세 종류의 신발로 러닝 포트폴리오를 구성해 부상 위험을 최소화하고 회복을 극대화한다. 첫째는 앞서 말한 '데일리 트레이닝화'이다. 둘째는 속도를 내는 날을 위한 '템포&레이싱화'다. 그리고 마지막으로 가장 중요한 것은 강도 높은 훈련 다음 날을 위한 '리커버리화'다. 이 신발의 유일한 목적은 최대의 쿠셔닝으로, 지친 발과 다리를 가장 부드럽게 받아주어 적극적인 회복을 돕는다. 이처럼 목적에 따라 신발을 명확히

구분하면, 각각의 신발이 최적의 컨디션에서 제 역할을 수행하게 되어 결과적으로 모든 신발의 수명까지 늘어나는 효과를 얻는다.

　우리가 간과하기 쉬운 또 하나의 중요한 스펙은 '힐 드롭^{Heel Drop}' 이다. 이는 신발의 뒤꿈치 부분과 앞꿈치 부분의 높이 차이를 의미한다. 전통적인 러닝화는 보통 8~12mm의 높은 드롭을 가졌는데, 이는 뒤꿈치 착지를 유도하며 무릎의 부담을 줄여준다. 반면 최근 유행하는 4mm 이하의 낮은 드롭이나 '제로 드롭' 신발은 발의 중간이나 앞부분으로 착지하도록 유도하여, 아킬레스건과 종아리 근육을 더 적극적으로 사용하게 만든다. 어느 쪽이 절대적으로 우월한 것은 없다. 다만, 높은 드롭의 신발을 신던 러너가 갑자기 제로 드롭으로 바꾸면 아킬레스건에 큰 무리가 갈 수 있다. 따라서 신발을 바꿀 때는 기존에 신던 신발의 힐 드롭을 확인하고, 급격한 변화 대신 점진적으로 적응해 나가는 지혜가 필요하다. 초보자라면 8mm 내외의 중간 드롭에서 시작하는 것이 가장 안전한 선택이다.
　결국 수많은 러닝화 앞에서 길을 잃지 않기 위해서는, 나만의 '3단계 필터링 시스템'이 필요하다.

1단계: 나의 발을 진단한다(진단)

　러닝 전문 매장을 방문해 발 분석 장비로 나의 아치 높이와 착지 습관(과내전, 외전, 중립)을 측정하라. 이것이 모든 선택의 출발점이다.

2단계: 나의 주된 용도를 결정한다(목적)

일상적인 조깅이 목적인가, 아니면 대회 기록 단축이 목적인가? 아스팔트 위를 주로 달리는가, 트레드밀을 주로 이용하는가? 목적에 따라 신발의 성격은 완전히 달라져야 한다.

3단계: 나의 몸무게와 주법을 고려한다(매칭)

체중이 많이 나갈수록 더 많은 쿠션이 필요하다. 뒤꿈치로 강하게 착지하는 주법이라면, 뒤축의 안정성이 높은 신발을 선택해야 한다.

이 시스템을 적용함과 동시에, 우리가 버려야 할 세 가지 위험한 착각이 있다. 첫째, '베스트셀러의 함정'이다. 수많은 러너가 극찬하는 인기 모델이라도, 내 발의 구조와 맞지 않으면 최악의 신발이 될 수 있다. 유행을 따르지 말고, 내 발의 데이터를 믿어야 한다. 둘째, '길들이면 괜찮아지겠지'라는 착각이다. 앞서 말했듯, 좋은 러닝화는 첫 착용부터 불편함이 없어야 한다. 발이 신발에 맞춰가는 것이 아니라, 신발이 발을 편안하게 지지해야 한다. 셋째, '한 켤레로 충분하다'라는 착각이다. 단 하나의 신발로 아스팔트, 트레드밀, 트랙을 모두 달리는 것은, 등산화 하나로 축구와 마라톤까지 모두 하려는 것과 같다. 목적에 맞는 신발을 갖추는 것은 사치가 아니라, 부상을 막고 운동 효과를 높이는 가장 현명한 투자다.

신발은 도구지만, 때로는 나의 가장 정직한 코치가 된다. 밑창의

닳는 모양은 나의 잘못된 착지 습관을 보여주고, 중창이 주저앉는 속도는 나의 훈련 강도가 과했음을 알려준다. 좋은 신발을 찾는 과정은 단순한 소비가 아니라, 나의 몸과 달리기라는 행위 자체를 더 깊이 이해하는 여정이다.

9장

더하기보다 빼기, 똑똑한 장비 미니멀리즘

러닝을 시작하는 사람의 질문은 '더하기'에서 시작된다. "무엇을 더 사야 잘 뛸 수 있을까?" 그러나 달리기가 삶의 일부가 된 사람의 질문은 '빼기'로 귀결된다. "무엇이 없어도 나는 충분히 달릴 수 있는가?" 장비는 달리기를 돕는 도구지만, 어느 순간 우리는 그 도구의 지배를 받는다. 100세까지 달리기를 이어가는 힘은 더 많은 장비가 아니라 '덜어낼 줄 아는 지혜'에서 나온다.

러닝의 본질은 지독할 만큼 단순하다. 몸과 신발, 그리고 약간의 공간. 이것이 전부다. 하지만 현대의 러너는 수많은 장비의 무게를 짊어지고 출발선에 선다. 러닝워치, 이어폰, 에너지젤, 암밴드, 컴프레션 삭스까지. 문제는 이 장비들이 '필수와 욕망'의 경계에 교묘

하게 걸쳐 있다는 점이다. 장비는 분명 편의를 제공하지만, 달리기의 방향을 대신 설정해 주지는 않는다. 그러므로 우리는 끊임없이 물어야 한다. 이 장비가 나의 달리기를 돕는가, 아니면 나의 불안을 잠재우는가.

이 장에서는 속도를 위한 더하기가 아니라, 지속을 위한 '현명한 최소주의'에 대해 이야기하려 한다.

1. 러닝워치: 몸의 언어를 번역하는 창

러닝워치는 이제 단순한 기록 장치가 아니라, 내 몸의 반응을 시각적으로 번역해 주는 필수적인 센서로 여겨지고 있다. '오늘은 왜 이렇게 무겁지?', '이 정도 속도가 정말 괜찮은 걸까?' 같은 막연한 감각의 언어를, 워치는 페이스, 심박수, 케이던스라는 객관적인 데이터의 언어로 바꿔준다. 예를 들어, 평소 140bpm을 유지하던 페이스가 오늘따라 150bpm까지 심박이 오른다면, 그것은 회복이 덜 되었다는 명백한 증거다. 이처럼 워치는 훈련의 '감'이 아니라 '추세'를 읽게 하여, 무리한 훈련을 막는 가장 이성적인 조언자가 된다.

특히 러닝워치는 슬로 조깅의 핵심인 저강도 훈련을 과학적으로 수행하게 돕는다. '말할 수 있을 정도'라는 주관적 느낌을, '심박수 존2 유지'라는 객관적 목표로 바꿔주기 때문이다. 무엇보다 러닝워치는 고독한 러너의 '안전장치'다. GPS 기록은 낯선 곳에서 길을 잃었을 때 돌아올 길을 알려주고, 일부 모델의 낙상 감지 기능은 혹여나 잘못 넘어졌을 때 나의 상황을 내 가까운 지인들에게 알려줄 수 있어 안전에 큰 도움을 준다.

다만, 러닝워치가 '감독관'이 되어서는 안 된다. 나는 달리는 동안에는 화면을 거의 보지 않는다. 대신 달리기를 마친 뒤, 오늘의 기록을 복기하며 내 몸의 감각과 데이터가 어떻게 일치하는지를 확인한다. 이럴 때 러닝워치는 나를 통제하는 기계가 아니라, 나와 내 몸의 대화를 돕는 현명한 통역가가 된다.

2. 의류: 잊기 위해 입는 제2의 피부

러닝복의 역할은 역설적이다. 가장 좋은 러닝복은 그 존재를 잊게 만드는 옷이다. 땀을 빠르게 말려 축축함을 잊게 하고, 피부와의 마찰을 줄여 쓸림을 잊게 하는 것. 그 기본만 충실하면 충분하다. 화려한 디자인이나 브랜드 로고는 달리기 자체와 아무런 관련이 없다.

특히 계절별 대응에서 중요한 것은 보온보다 '체온 유지'다. 두꺼운 옷 하나보다, 얇은 옷을 여러 겹 입어 공기층을 만드는 것이 훨씬 효과적이다. '바깥 기온보다 10도 높게 생각하고 입어야 한다'라는 것이 러너들의 오랜 격언이다. 처음에 약간 서늘하게 시작해야, 달리는 동안 오른 체온과 땀이 식으며 저체온증에 빠지는 것을 막을 수 있다. 모자, 장갑, 넥게이터 같은 작은 소품들이야말로, 최소한의 부피로 체온을 지키는 가장 현명한 도구다.

3. 이어폰: 속도를 위한 채찍이 아닌, 리듬을 위한 배경음악

음악은 발보다 마음을 먼저 움직인다. 하지만 음악이 페이스를

강제하는 채찍이 되는 순간, 우리는 몸의 리듬을 잃는다. 음악의 역할은 지루함을 덜어주고, 달리는 행위 자체를 조금 더 즐겁게 만들어주는 배경음악으로 충분하다.

안전을 위해 귀를 완전히 막는 차음형 이어폰은 반드시 피해야 한다. 주변의 차량, 자전거, 다른 사람의 기척을 인지하는 것은 부상 예방의 제1원칙이다. 외부 소리를 함께 들을 수 있는 골전도 이어폰이나 오픈형 이어폰이 가장 이상적인 선택이다. 음악을 고를 때도 BPM이 빠른 노래로 억지로 템포를 올리기보다, 그저 기분이 좋아지는 선율 위에서 내 몸이 자연스럽게 리듬을 찾도록 내버려두자.

4. 보조식품: 일상의 연료와 비상 연료의 구분

에너지젤, 전해질 음료, 카페인 보충제. 이들은 분명 특정 상황에서 강력한 효과를 발휘하는 '비상 연료'다. 90분 이상의 장거리 훈련이나 실제 마라톤 대회에서 고갈된 에너지를 채우는 데는 필수적이다.

하지만 대부분의 일상적인 슬로 조깅에서, 우리의 몸은 '일상 연료'만으로 충분하다. 제철 과일, 통곡물, 균형 잡힌 식사에서 얻는 자연스러운 에너지가, 인공적인 부스터보다 훨씬 더 안정적이고 지속적이다. 보조식품에 대한 의존은 갈증과 피로를 남기고, 정작 중요한 평소의 식습관을 소홀하게 만들 수 있다. 보조식품은 이름 그대로 '보조'일 뿐, 달리기의 주연이 되어서는 안 된다.

나는 가끔 모든 것을 벗어던지고 달린다. 여행지에서, 혹은 이른 새벽의 익숙한 공원에서. 워치도, 이어폰도 없이 오직 신발 한 켤레만 신고 밖으로 나선다. 그때 비로소 달리기의 민낯과 마주한다. 거친 호흡 소리, 심장의 박동, 발바닥에 전해지는 지면의 질감, 뺨을 스치는 바람의 온도. 숫자가 사라진 자리에, 살아있는 감각이 가득 들어찬다.

장비의 본질은 '최소한의 도움'에 있다. 내 몸의 감각을 방해하지 않고, 지속 가능한 리듬을 거드는 정도면 족하다. 좋은 러너는 최신 장비를 모두 갖춘 사람이 아니라, 자신에게 무엇이 없어도 되는지를 아는 사람이다. 모든 것을 덜어냈을 때 비로소 남는 것, 그것이 바로 당신의 달리기 그 자체다.

과학이
증명하는
느림의
기적

1장

대사 유연성:
100세 러너의 비밀

우리 몸 안에는 두 종류의 엔진이 존재한다. 하나는 폭발적인 힘으로 짧은 거리를 주파하는 '로켓 엔진(탄수화물 연소 시스템)'이고, 다른 하나는 조용하지만 지치지 않고 먼 거리를 항해하는 '하이브리드 엔진(지방 연소 시스템)'이다. 대부분의 사람은 일생을 로켓 엔진에만 의존해 살아간다. 빠르게 타오르지만, 금세 연료가 고갈되고 많은 그을음(피로물질)을 남기는 방식이다. 그러나 달리기를 꾸준히 이어가는 사람의 몸에서는 놀라운 변화가 시작된다. 잠자고 있던 하이브리드 엔진을 깨워, 두 엔진을 자유자재로 전환하며 달리는 기술, 즉 '대사 유연성Metabolic Flexibility'을 획득하는 것이다. 이 단어는 1990년대 후반 데이비드 켈리David E. Kelley 박사 등에 의해 정립된 개념으로, 건강한 몸이 식사(탄수화물)와 공복(지방) 상태에 맞춰 주

에너지원을 효율적으로 전환하는 능력을 말한다. PART 4에서는 이 경이로운 몸의 재설계 과정에 관해 이야기하려 한다.

우리가 달릴 때, 로켓 엔진은 근육과 간에 저장된 한정된 연료(글리코겐)를 사용한다. 빠르게 에너지를 공급하지만, 매장량이 적어 고강도 운동 시 30~40분이면 바닥을 드러낸다. 초반에 속도를 올린 러너가 후반에 급격히 무너지는 이유가 바로 이것이다. 반면, 슬로 조깅처럼 심박수가 낮은 상태에서는 우리 몸의 주된 동력원이 하이브리드 엔진으로 전환된다. 이 엔진은 우리 몸에 거의 무한대로 저장된 지방을 연료로 사용한다.

'오래 달려야 지방이 탄다'는 것은 절반의 진실이다. 더 정확한 진실은, '천천히 달리면, 우리 몸은 처음부터 지방을 태우는 법을 학습하기 시작한다'는 것이다.

이 거대한 연료 탱크의 문을 여는 열쇠는 바로 '인슐린'이라는 호르몬이다. 인슐린은 우리 몸의 '연료 저장 총괄 관리자'와 같다. 우리가 탄수화물을 섭취하거나 고강도 운동으로 혈당이 급격히 변하면, 인슐린은 "비상사태다! 에너지를 빨리 저장하라!"는 명령을 내리며 지방을 태우는 스위치를 꺼버린다. 지방 창고의 문을 굳게 닫고, 당분부터 서둘러 처리하는 것이다. 하지만 슬로 조깅은 인슐린을

George A. Brooks and Jacques Mercier, "Balance of Carbohydrate and Lipid Utilization during Exercise: The 'Crossover' Concept," J Appl Physiol 76, no. 6 (1994): 2253–61.

과학이 증명하는 느림의 기적

자극하지 않는 가장 평화로운 활동이다. 인슐린 수치가 낮고 안정적으로 유지될 때, 비로소 우리 몸은 거대한 지방 창고의 문을 활짝 열고 그 풍부한 에너지를 꺼내 쓸 준비를 시작한다.[*] 즉, 슬로 조깅은 단순히 느리게 달리는 행위가 아니라, 우리 몸의 호르몬 환경을 저장 모드에서 '연소 모드'로 전환시키는 가장 현명한 스위치다.

이 학습 과정의 핵심에는 세포 속 에너지 발전소인 '미토콘드리아'가 있다. 고강도 운동이 기존의 미토콘드리아를 쥐어짜 에너지를 만드는 방식이라면, 저강도 유산소 운동은 미토콘드리아의 수와 질을 동시에 늘리는 과정이다. 슬로 조깅을 반복하면, 우리 몸은 더 많은 지방을 에너지로 쓰기 위해 근육 세포 안에 새로운 미토콘드리아를 증설하고, 기존 발전소의 효율까지 높인다.[**] 이는 마치 작은 화력발전소 몇 개에 의존하던 도시가, 도시 전역에 고효율 태양광 패널을 설치하는 것과 같다. 그 결과, 같은 속도로 달려도 심박수는 더 낮아지고, 피로물질은 덜 쌓이며, 회복은 빨라진다.

나 역시 오랫동안 로켓 엔진의 노예였다. 더 빨리, 더 강하게 달려야만 운동 효과가 있다고 믿었다. 땀으로 흠뻑 젖은 티셔츠가 그날의 성실함을 증명한다고 착각했다. 그러던 어느 날, 의도적으로

[*] David E. Kelley, "Skeletal Muscle Fat Oxidation: Timing and Flexibility Are Everything," J Clin Invest 115, no. 7 (2005): 1699–1702.

[**] Iñigo San-Millán and George A. Brooks, "Assessment of Metabolic Flexibility," Sports Med 48, no. 2 (2018): 467–79.

속도를 낮춘 채 40분쯤 달렸을 때였다. 늘 찾아오던 고통의 순간 대신, 몸이 부드럽게 풀리며 안정된 리듬 속으로 들어가는 기묘한 감각을 경험했다. 마치 덜컹거리던 기차가 매끄러운 궤도 위로 올라선 듯한 느낌. 피로 대신 평온함이 찾아왔다. 그때 비로소 깨달았다. 진짜 달리기의 리듬은 근육의 힘이 아니라, 몸의 엔진이 바뀌는 순간에 시작된다는 것을.

지방을 주 연료로 사용하는 능력은 단순히 체중 감량의 문제가 아니다. 이는 '지속 가능한 에너지 시스템'의 구축이다. 탄수화물이라는 불안정한 연료에 대한 의존도를 낮추고, 지방이라는 안정적인 에너지원을 활용하는 능력이야말로 평생 지치지 않고 달릴 수 있는 몸의 근본 조건이다. 이 전환이 이루어질 때, 달리기는 힘겨운 노동에서 내 몸이 스스로를 조율하는 생명 활동으로 진화한다.

이 변화는 달릴 때만 느껴지는 것이 아니다. 대사 유연성의 가장 큰 보상은 트랙을 벗어난 일상에서 찾아온다. 과거 로켓 엔진에만 의존하던 시절, 나는 점심 식사 후 밀려오는 극심한 식곤증과 오후 3시면 어김없이 찾아오는 단 음식에 대한 갈망에 시달렸다. 이는 혈당이 롤러코스터처럼 급등락하며 벌어지는 필연적인 현상이다. 하지만 하이브리드 엔진이 깨어난 몸은 다르다. 하루 종일 급격한 에너지 고갈 없이, 잔잔한 호수처럼 안정적인 컨디션을 유지한다. 불필요한 공복감이 사라지고, 식사 때가 아닌데도 무언가를 입에 넣어야 한다는 강박에서 자유로워진다. 이는 단순히 달리기를 잘하게 되

는 것을 넘어, 하루 전체의 삶의 질을 바꾸는 근본적인 변화다.

이 위대한 전환을 실전에서 이끌어내는 방법은 놀랄 만큼 단순하다.

● 훈련 프로토콜

일주일에 3~4회, 30~40분간 '말을 할 수 있을 정도'의 속도를 유지한다. 심박계가 있다면 최대심박수의 60~70% 범위를 목표로 삼는다. 특히 초반 10분은 의도적으로 아주 느리게 시작하여, 하이브리드 엔진이 예열될 충분한 시간을 주어야 한다.

● 영양 프로토콜

공복 러닝은 지방 대사를 촉진하는 좋은 방법이지만, 반드시 몸이 저강도 달리기에 익숙해진 후에 시도해야 한다. 공복이 부담스럽다면 달리기 1시간 전, 바나나 반 개나 소량의 요거트 정도면 충분하다. 기억하라. 하이브리드 엔진을 깨우러 가는 길에, 로켓 엔진의 연료를 가득 채울 필요는 없다.

이 과정에서 가장 큰 적은 '조급함'이다. 수십 년간 로켓 엔진에만 의존해 온몸이 하이브리드 엔진을 다시 가동하는 데는 최소 몇 주에서 몇 달의 시간이 필요하다. 처음에는 '이렇게 달려도 운동이 될까?' 하는 의심이 들 수 있다. 하지만 기억해야 한다. 이것은 근육을 단련하는 것이 아니라, 세포 단위의 에너지 시스템을 재교육하는 과정이다. 이 훈련의 궁극적인 목표는 지방만 쓰는 몸이 되는 것이 아니다. 필요할 때는 폭발적으로 탄수화물을 쓰고, 평상시에는 안정적으로 지방을 쓰며, 어떤 상황에서도 에너지 고갈 없이 최적의 효율을 내는 현명한 몸을 만드는 것이다. 그것이야말로 진정한 의미의 '대사 자유^{Metabolic Freedom}'이며, 오랫동안 지치지 않고 달릴 수 있는 몸의 핵심 비밀이다.

오래 달리는 사람은 근육이 강한 사람이 아니라, 대사의 흐름을 지배하는 사람이다. 몸의 주된 연료가 바뀌는 순간, 달리기는 비로소 중력의 저항을 이겨내는 자유로운 흐름이 된다. 속도가 아닌 효율, 힘이 아닌 균형. 그 감각을 깨닫는 순간, 당신의 몸은 평생 달릴 수 있는 엔진으로 완성된다.

2장 심장, 가장 정직한 근육의 성장 공식

같은 오르막길을 오르는데, 예전에는 터질 듯했던 심장이 오늘은 잠잠하다. 숨은 고르지만, 결코 턱끝까지 차오르지 않는다. 이것은 단순히 폐활량이 좋아진 결과가 아니다. 우리 몸의 엔진, 즉 심장 자체가 근본적으로 재설계되었다는 가장 명백한 증거다.

심장은 우리 몸에서 가장 정직한 근육이다. 다리 근육이 반복된 스쾃으로 강해지듯, 심장도 꾸준하고 일정한 유산소 자극을 통해 성장한다. 하지만, 이 근육은 무작정 몰아붙인다고 강해지지 않는다. 오히려 낮은 부하를 꾸준히 견디며, 그 안에서 스스로 용적을 넓혀갈 때 가장 효율적으로 강해진다.

이 효율성의 비밀을 설명하는, 모든 심장 훈련의 근간이 되는 공식이 있다. 바로 '심박출량(분당 혈액 공급량)=1회 박출량×심박수'

다. 이는 자동차의 성능이 '엔진의 배기량[cc]×분당 회전수[RPM]'로 결정
되는 것과 정확히 같다. 이 공식을 이해하는 순간, 슬로 조깅이 왜 심
장을 강하게 만드는 가장 현명한 방법인지 명확해진다.

러너의 심장은 두 가지 방향으로 성장한다. 첫째는 엔진의 배기
량을 키우는 '용적형 적응'이고, 둘째는 RPM을 극한으로 끌어올리
는 '압력형 적응'이다.

슬로 조깅과 같은 저강도 달리기는 전형적인 '용적형 적응'을 유
도한다. 낮은 심박수를 유지하며 오랜 시간 혈액이 심장으로 꾸준
히 유입되면, 혈액을 받아들이는 좌심실은 풍선처럼 서서히, 그리
고 탄력적으로 늘어난다. 그 결과, 한 번의 펌핑으로 뿜어내는 혈액
의 양, 즉 '1회 박출량(엔진의 배기량)'이 극적으로 증가한다. 일반인
의 1회 박출량이 약 70ml라면, 잘 훈련된 러너는 100ml를 훌쩍 넘
는다. 배기량이 1.5배 커진 엔진을 갖게 되는 셈이다. 이제 앞선 공
식에 대입해 보라. 같은 양의 혈액을 근육에 보내기 위해, 1회 박출
량이 늘어난 심장은 더 이상 높은 심박수를 유지할 필요가 없다. 이
것이 바로 훈련된 러너의 안정 시 심박수가 50bpm대, 혹은 그 이하
로 떨어지는 이유다.

여기서 반드시 구분해야 할 것이 있다. 모든 심장 비대가 건강한
것은 아니기 때문이다. 고혈압으로 인해 심장이 커지는 것은, 좁은

Joel Morganroth et al., "Comparative Left Ventricular Dimensions in Trained Athletes," Ann Intern Med 82, no. 4 (1975): 521–24.

과학이 증명하는 느림의 기적

문으로 혈액을 억지로 밀어내기 위해 심장벽만 두꺼워지는 '동심성 비대'다. 이는 심장 내부 공간을 좁게 만들어 오히려 혈액을 담는 능력을 떨어뜨리는 병적인 변화다. 하지만 슬로 조깅이 만드는 '편심성 비대'는 정반대다. 이는 심장벽의 두께는 거의 유지된 채, 내부 용적 자체가 풍선처럼 유연하게 확장되는 '운동선수의 심장'이다. 즉, 심장을 딱딱하게 만드는 것이 아니라 더 탄력 있고 여유롭게 만드는, 지극히 건강한 적응 과정이다. 슬로 조깅은 심장에 과도한 압력을 가하지 않고, 혈액이 충분히 채워질 시간을 허락함으로써 이 건강한 확장을 이끌어내는 가장 안전하고 효과적인 방법이다.

반면, 인터벌이나 언덕 질주 같은 고강도 훈련은 '압력형 적응'을 이끈다. 순간적으로 높은 출력을 요구하는 상황에서 심장 근육은 더 두꺼워지고, 혈액을 밀어내는 힘(수축력)이 강해진다. 이는 엔진을 '슈퍼차저'로 튜닝하는 것과 같다. 하지만 기초 배기량이 확보되지 않은 소형 엔진에 슈퍼차저만 다는 것은 엔진 자체에 엄청난 무리를 준다. 그래서 심장 훈련의 순서는 언제나 명확하다. 슬로 조깅으로 엔진의 배기량을 먼저 키우고(용적 확장), 그 후에 필요에 따라 고강도 훈련으로 출력을 높이는 것(수축력 향상). 이 순서가 지켜질 때, 심장은 강하면서도 유연한 명품 엔진으로 완성된다.

이러한 내 몸의 변화는 어떻게 확인할 수 있을까? 두 가지 지표에 주목하라.

첫째는 '안정 시 심박수'다. 매일 아침 눈을 뜬 직후, 잠자리에서 일어나기 전에 측정한 심박수가 꾸준히 하락하고 있다면, 당신의 엔진 배기량은 성공적으로 커지고 있다는 뜻이다.

이러한 변화를 지휘하는 숨은 조종사는 바로 '자율신경계'다. 특히 우리 몸의 흥분을 가라앉히는 브레이크 역할을 하는 부교감신경, 그중에서도 '미주신경'은 심장 박동을 직접적으로 통제한다. 슬로 조깅을 꾸준히 하는 것은, 바로 이 미주신경이라는 브레이크를 반복적으로 밟으며 그 성능을 단련시키는 것과 같다. 훈련을 통해 미주신경의 긴장도Vagal Tone가 높아지면, 심장은 작은 스트레스에 쉽게 흥분하지 않고, 운동이 끝난 후에는 강력한 브레이크 성능으로 신속하게 안정 상태로 복귀한다. 안정 시 심박수가 낮은 것과 심박 회복 속도가 빠른 것은, 당신의 몸에 매우 효율적인 '신경계 브레이크'가 장착되었다는 증거다. 이는 달릴 때뿐만 아니라, 일상의 스트레스 상황에서도 평온함을 유지하는 능력으로 이어진다.

둘째는 '심박 회복 속도Heart Rate Recovery'다. 달리기를 마친 직후 1분 동안 심박수가 얼마나 빠르게 떨어지는지를 측정하는 것이다. 훈련된 심장은 운동 모드에서 휴식 모드로 빠르게 전환하는 능력이 뛰어나다. 운동 직후 160bpm이었던 심박이 1분 후 120bpm 아래로 떨어진다면, 당신의 심장은 매우 건강하게 적응하고 있다는 신호다.

이 모든 변화는 하나의 목표를 향한다. 바로 '달리기 경제성Running Economy'의 향상이다. 같은 속도를 내기 위해 더 적은 산소와 에너지를

사용하는 능력. 심장의 펌핑 효율이 높아지고, 슬로 조깅을 통해 근육 곳곳에 모세혈관이라는 '산소 공급망'이 촘촘하게 깔리면, 우리 몸은 최소한의 연료로 최대한의 거리를 가는 고효율 시스템으로 변모한다.

이 강력해진 엔진의 성능은 트랙 위에서만 증명되는 것이 아니다. 어느 날 문득, 지하철 계단을 뛰어올라도 예전처럼 숨이 턱에 차오르지 않는 나를 발견한다. 중요한 발표를 앞둔 긴장된 순간에도, 심장이 미친 듯이 날뛰는 대신 묵직하고 차분한 리듬을 유지한다. 이것이 바로 달리기 경제성이 '삶의 경제성'으로 확장되는 순간이다. 심장의 여유는 곧 마음의 여유로 이어진다. 일상의 작은 물리적, 정신적 스트레스에 과민하게 반응하지 않고, 더 적은 에너지로 하루를 평온하게 살아갈 수 있는 능력. 어쩌면 이것이야말로 슬로 조깅이 우리에게 주는 가장 위대한 선물일지 모른다.

3장

몸속의 고속도로,
혈류 네트워크를 재건하는 법

좋은 컨디션은 단련된 근육이 아니라, 막힘없이 흐르는 혈류가 만든다. 우리 몸의 순환 시스템은 심장이라는 강력한 펌프에서 시작해, 온몸으로 뻗어나가는 거대한 고속도로(동맥)와 모든 세포의 집 앞까지 이어지는 촘촘한 골목길(모세혈관)로 이루어진 생명의 네트워크다. 이 네트워크의 효율이 바로 그날의 컨디션이다. 달리기는 근육을 움직이는 행위를 넘어, 이 낡고 정체된 교통망을 재건하고 확장하는 가장 위대한 인프라 프로젝트다.

움직임이 멈춘 몸은, 보이지 않는 곳에서부터 서서히 붕괴한다. 가장 먼저 타격을 입는 곳이 바로 이 '골목길'이다. 사용하지 않는 모세혈관은 유령 도로처럼 기능을 잃고 폐쇄된다. 도로가 끊긴 세

139

포는 만성적인 산소 부족과 영양 결핍에 시달리며, 제때 처리되지 못한 노폐물은 염증이라는 이름의 쓰레기로 쌓여간다. 우리가 느끼는 만성 피로, 찌뿌둥한 아침, 푸석한 피부는 바로 이 말단 혈관의 침묵이 만들어내는 비명이다.

하지만 슬로 조깅은 이 멈춰있던 네트워크에 다시 생명을 불어넣는다. 그 비밀의 열쇠는 혈관 내벽에서 분비되는 '산화질소Nitric Oxide'에 있다. 고강도 운동이 순간적으로 혈압을 높여 혈관에 부담을 준다면, 저강도 달리기는 마치 부드러운 마사지처럼 혈관 내벽을 지속적으로 자극한다. 이 자극에 반응하여 분비된 산화질소는 경직된 혈관을 유연하게 확장시키고 혈압을 안정시킨다.[•] 즉, 슬로 조깅은 우리가 할 수 있는 '혈관 스트레칭'이다. 꾸준히 달리는 사람의 혈압이 안정되고 손발이 따뜻해지는 이유가 바로 여기에 있다.

슬로 조깅의 진짜 기적은 더 깊은 곳, 바로 '골목길의 재건축'에서 일어난다. 우리 몸은 꾸준한 유산소 자극에 반응하여, 산소가 부족한 근육 주변에 새로운 모세혈관을 자라게 한다. 이를 '혈관신생Angiogenesis'이라 한다. 이것은 단순히 기존 도로를 넓히는 수준이 아니라, 세포라는 집집마다 새로운 진입로를 터주는 것과 같다. 이로써 모든 세포는 자신만의 전용 산소 공급 라인을 갖게 된다. 과거에는

• Robert F. Furchgott and John V. Zawadzki, "The Obligatory Role of Endothelial Cells in the Relaxation of Arterial Smooth Muscle by Acetylcholine," Nature 288 (1980): 373–76.

멀리 떨어진 간선도로에서 겨우 산소를 배급받던 변두리 세포들이, 이제는 현관문만 열면 신선한 산소를 공급받는 역세권으로 변모하는 것이다. 산소 공급의 '마지막 1mm'가 해결될 때, 우리 근육은 비로소 지치지 않는 효율을 얻게 된다.

이 새로 건설된 교통망 위로는 산소와 영양뿐만 아니라, 우리 몸의 가장 정예화된 군대인 '면역세포'가 순찰을 돈다. 혈류는 외부의 침입자(바이러스, 세균)를 격퇴하고 내부의 반란군(비정상 세포)을 색출하는 면역 감시 시스템의 핵심 통로다. 혈류가 정체된 몸은 순찰이 제대로 이루어지지 않는 외진 동네와 같아서, 작은 문제가 큰 재앙으로 번지기 쉽다. 하지만 슬로 조깅으로 활성화된 순환 시스템은, 면역세포들이 몸의 가장 깊숙한 골목까지 신속하게 도달하여 위협을 조기에 진압하도록 돕는다. 꾸준히 달리는 사람이 감기에 잘 걸리지 않고, 염증에서 빠르게 회복하는 것은 단지 기분 탓이 아니다. 그것은 내 몸의 국방 시스템이 최고 수준의 경계 태세를 유지하고 있다는 가장 확실한 증거다.

이 개선된 교통망 위를 흐르는 혈액의 질 또한 중요하다. 흐름이 둔하고 점도가 높아진 혈액은 좁은 모세혈관까지 산소와 영양을 효율적으로 실어 나르기 어렵다. 탈수나 좋지 않은 대사 상태는 혈액의 유동성을 떨어뜨려, 이 거대한 순환 네트워크의 효율을 낮출 수 있다. 슬로 조깅 같은 꾸준한 저강도 유산소 운동은 혈류를 부드럽게 유지하고, 혈액과 혈관이 제 기능을 다하도록 돕는다. 혈액의 힘은 결국 산소를 운반하는 적혈구와, 그 적혈구가 원활하게 이동할

수 있는 순환 환경에 달려있다. 지속적인 유산소 운동은 몸이 산소를 더 효율적으로 쓰도록 적응하게 만들고, 그 과정에서 산소 운반 체계 전반의 기능도 함께 다듬어진다. 중요한 것은 특정 호르몬 하나가 극적으로 모든 것을 바꾼다는 식의 단순한 이야기가 아니다. 슬로 조깅은 혈액을 더 잘 흐르게 하고, 산소를 더 안정적으로 나르게 하며, 몸 전체의 순환 효율을 서서히 끌어올리는 방식으로 우리를 바꾼다.

이 풍부한 혈류의 최종 목적지 중 가장 중요한 곳은 바로 '뇌'다. 달리기를 시작해 20분쯤 지나면 생각이 명료해지는 경험은, 뇌 혈류량이 증가하며 일어나는 현상이다. 여기서 더 나아가, 꾸준한 유산소 운동은 '뇌유래신경영양인자[BDNF]'라는 물질의 분비를 촉진한다. BDNF는 기존 뇌세포의 생존을 돕고 새로운 뇌세포의 성장을 촉진하는, 말 그대로 '뇌의 성장 영양제'다. 더 흥미로운 사실은, 혈류 개선이 뇌의 청소 시스템까지 활성화한다는 점이다. 운동은 뇌척수액의 순환을 도와 뇌세포 사이에 쌓인 노폐물(베타 아밀로이드 등)을 씻어내는 작용을 한다. 즉, 달리기는 뇌에 영양을 공급하는 동시에, 뇌를 깨끗하게 세척하는 가장 강력한 행위다.

강력해진 심장이 '상수도 시스템'이라면, 달리기는 우리 몸의 '하수 처리 시스템'까지 책임진다. 혈관 옆에는 '림프관'이라는 또 하나의 거대한 네트워크가 흐르는데, 이곳은 세포가 배출한 노폐물과 독소를 처리하는 정화조 역할을 한다. 하지만 림프관에는 혈관과 달리 심장 같은 강력한 펌프가 없다. 림프액을 순환시키는 유일한 동력은 바로 근육의 수축과 이완, 즉 '근육 펌프'다. 특히 종아리는 '제2의 심장'이라 불릴 만큼 이 펌프 작용의 핵심이다. 슬로 조깅의 규칙적이고 리드미컬한 움직임은 이 근육 펌프를 가장 효율적이고 지속적으로 가동시킨다. 아침에 얼굴이 붓거나 다리가 무거운 것은 밤새 멈춰있던 림프 순환 때문이다. 가벼운 아침 달리기가 몸을 놀랍도록 개운하게 만드는 이유는, 이 정체된 하수 처리 시스템을 다시 힘차게 돌려주기 때문이다.

나 역시 겨울만 되면 얼음장 같던 손발이, 달리기를 시작한 후 따뜻해지는 것을 느끼며 혈류의 힘을 처음 실감했다. 하지만 진짜 변화는 다른 곳에서 찾아왔다. 잦은 두통이 사라졌고, 오후만 되면 무겁게 내려앉던 눈꺼풀이 가벼워졌다. 상처가 나도 예전보다 훨씬 빨리 아물었다. 몸 전체의 순환이 바뀌자, 에너지의 흐름과 회복의 속도가 달라진 것이다. 그때 깨달았다. 체력의 지속성은 고립된 근육의 힘이 아니라, 전신을 연결하는 순환의 조화에서 비롯된다는 사실을 말이다.

달리기의 본질은 '순환'이다. 심장이 보내고, 혈관이 열고, 세포가 받는 이 거대한 흐름. 갑작스러운 과훈련은 이 흐름을 범람시키고, 오래 앉아있는 습관은 이 흐름을 정체시킨다. 훈련 전후의 부드러운 준비와 마무리 운동, 그리고 깊은 수면은 모두 이 생명의 리듬을 지키기 위한 의식이다. 혈류가 멈추지 않는 한, 노화의 속

도는 우리를 따라잡을 수 없다. 느리게 달리되, 흐름은 절대 멈추지 말 것. 그것이 우리가 슬로 조깅을 하면서 놓치지 말아야할 한 가지이다.

4장

멈춤의 과학:
몸이 강해지는 시간

PART 3의 6장에서 우리는 달리기가 끝난 직후, 회복을 위해 무엇을 해야 하는지에 대한 실용적인 기술들을 배웠다. 이번에는 그 행동들이 우리 몸 안에서 어떻게 근육을 더 단단하게 만들고 에너지를 더 높은 수준으로 채우는지, 그 보이지 않는 '진보의 시간' 뒤에 숨겨진 과학적 원리를 들여다볼 차례다.

많은 러너가 변화를 훈련의 순간에서 찾지만, 진짜 성장은 트랙을 떠난 뒤에 시작된다. 달리기가 끝난 그 순간부터, 우리 몸속에서는 누구도 볼 수 없는 고요한 혁명이 일어난다. 미세하게 손상된 근섬유가 더 단단하게 재결합하고, 고갈된 에너지는 이전보다 높은 수준으로 채워진다. 훈련이 우리 몸에 '왜 강해져야 하는가?'라는 질

문을 던지는 행위라면, 회복은 그 질문에 대한 몸의 응답이자, 그 해답을 온몸에 새기는 과정이다.

운동생리학에서는 이 경이로운 과정을 '초과회복'이라 부른다. 훈련으로 인해 일시적으로 저하된 체력 수준이, 충분한 휴식을 통해 기존의 기준선을 넘어 더 높은 지점까지 회복되는 현상. 이는 '피트니스-피로 모델Fitness-Fatigue Model'로 더 정교하게 설명할 수 있다. 모든 훈련은 우리 몸에 '피트니스 향상'이라는 긍정적 효과와 '피로 누적'이라는 부정적 효과를 동시에 남긴다. 다행히도, 피로는 피트니스보다 훨씬 빠른 속도로 사라진다. 충분한 휴식은 빠르게 사라지는 피로 곡선 아래로, 더디게 유지되는 피트니스 곡선이 드러나게 하여 순수한 성장의 순간을 만들어낸다.[*] 이것이 바로 성장의 기본 공식이다.

문제는 대부분의 러너가 이 건축의 시간을 낭비로 오해한다는 점이다. 하루만 쉬어도 감각이 무뎌질까 불안해하고, 몸이 보내는 피로 신호를 의지로 억누르며 훈련을 강행한다. 하지만 몸은 절대 멈춰있지 않다. 겉은 고요하지만, 우리 몸의 가장 깊은 곳에서는 내일을 위한 진보가 계속되고 있다.

그 진보의 첫 신호는 '염증이라는 이름의 교향곡'이다. 이 교향곡은 두 개의 악장으로 구성된다. 1악장은 '파괴와 청소'다. 훈련으로

[*] E. W. Banister et al., "A Systems Model of Training for Athletic Performance," Aust J Sports Med 7, no. 3 (1975): 57–61.

손상된 근섬유 주변으로 면역세포들이 몰려들어, 잔해를 치우고 재건축을 위한 터를 닦는다. 이때 약간의 열감이나 뻐근함이 느껴진다. 2악장은 '재건과 성장'이다. 청소가 끝난 자리에 성장인자들이 분비되고, 새로운 단백질이 합성되며 이전보다 더 강한 근섬유가 지어진다. 이 정교한 과정을 존중하지 않고, 1악장이 연주되는 동안 섣불리 소염제를 남용하는 것은, 공사 현장의 철거팀을 쫓아내어 재건축을 지연시키는 것과 같다.

이 신성한 재건축을 돕는 가장 현명한 방법은, 완전한 정지가 아닌 부드러운 흐름을 유지하는 것이다. 짧은 산책이나 10분의 아주 느린 조깅 같은 '액티브 리커버리'는, 공사 현장에 자재(영양)와 인력(면역세포)을 원활히 실어 나르는 혈류를 유지하게 해 회복 속도를 극대화한다.

밤이 되면, 재건축의 총감독인 '성장호르몬'이 무대에 오른다. 성장호르몬의 약 70%는 잠이 든 후 첫 번째 깊은 수면 단계에서 집중적으로 분비된다. 이때 우리 몸의 단백질 합성과 세포 복원이 폭발적으로 일어난다. 달리기가 낮의 리듬을 만든다면, 잠은 그 리듬을 완성하고 심화시킨다. 충분히 잔 다음 날 발걸음이 가벼운 이유는, 밤 사이 우리 몸의 설계도가 더 효율적으로 업데이트되었기 때문이다.

몸의 회복 상태는 심박수라는 정직한 언어로 보고된다. 안정 시 심박수가 평소보다 5bpm 이상 높다면, 그것은 '아직 건축이 끝나지 않았다'는 몸의 신호다. 여기서 더 나아가, 회복의 깊이를 측정하는 가장 민감한 지표는 '심박변이도'다. 이는 심장 박동 사이의 미세한 시간 변화를 측정한 것으로, 그 변동성이 클수록 우리 몸의 자율신경계가 안정되고 회복이 잘되었다는 의미다. 심박변이도는 마치 우리 몸의 '회복 계기판'과 같아서, 눈에 보이지 않는 피로도까지 객관적인 수치로 보여준다.

물론, 이 모든 재건축에는 양질의 '자재(영양)'가 필수적이다. 운동 후 고갈된 몸은 스펀지처럼 영양을 빨아들일 준비가 되어있다. 이때 가장 시급한 자재는 에너지를 공급할 탄수화물과 구조를 복구할 단백질이다. 하지만 이 거시 영양소 외에, 재건축의 속도를 높이는 미세한 '공구(미량 영양소)'들도 중요하다. 비타민 C는 손상된 인대와 힘줄의 콜라겐 합성을 돕고, 마그네슘은 근육의 이완을 도우며, 아연은 단백질 합성에 필수적인 역할을 한다. 또한 강황이나 오메가-3 지방산 같은 항염증 식품은, 앞서 말한 염증 교향곡의 1악장이 과도하게 연주되는 것을 막고 2악장으로 부드럽게 넘어가도록 돕는다.

마지막으로, 이 모든 생리적 회복 시스템의 스위치를 켜고 끄는 것은 '자율신경계'다. 우리 몸에는 흥분과 긴장을 관장하는 '교감신경(액셀러레이터)'과, 휴식과 회복을 지배하는 '부교감신경(브레이크)'이 있다. 스트레스와 과훈련은 액셀러레이터를 계속 밟게 하여 몸을 소모하지만 명상, 깊은 호흡, 자연 속의 산책 같은 활동은 브레이크를 부드럽게 밟아 몸을 '회복 모드'로 전환시킨다. 앞서 언급한 높은 심박변이도는, 바로 이 브레이크의 성능이 뛰어나다는 가장 확실한 증거다. 즉, 회복이 잘된 몸이란 언제든 흥분할 수 있지만,

동시에 언제든 평온함으로 돌아올 수 있는, 잘 조율된 신경계를 가진 몸이다.

나 역시 예전엔 쉬면 불안했다. 쉬는 날은 뒤처지는 날이라고 믿었다. 하지만 지금은 안다. 훈련은 가능성에 씨앗을 심는 행위이고, 회복은 그 씨앗에 물을 주고 싹을 틔우는 시간이라는 것을. 쉬는 날이 쌓여야 강해지는 날이 온다. 몸이 강해지는 순간은 언제나 훈련 중이 아니라, 회복 중이다.

무너지지 않는 관절 설계법

러닝은 근육이 아니라 관절이 이끄는 움직임이다. 근육이 아무리 강해도, 관절이 제자리를 지키지 못하면 달릴 수 없다. 러너가 멈추는 이유는 체력이 떨어져서가 아니라, 관절이 '이제는 조심하라'는 신호를 보내기 때문이다. 무릎의 찌릿함, 발목의 둔한 통증, 엉덩이 주변의 묵직한 뻐근함 등 이건 단순한 피로가 아니라, 몸의 균형이 흔들렸다는 경고다. 근육은 지시를 따르지만, 관절은 전체 움직임의 질서를 조율한다. 그래서 오래달리기 위해 필요한 건 더 강한 힘이 아니라, 더 안정된 구조다.

러닝은 반복 운동이다. 한 발이 땅에 닿을 때마다 체중의 2~3배의 하중이 관절을 통과한다. 그럼에도 부상이 적은 이유는, 인체가

'충격 분산 시스템'으로 설계되어 있기 때문이다. 무릎, 발목, 엉덩이는 하나의 관절 체인^{Kinetic Chain}으로 작동하며, 착지 순간 발생하는 충격의 약 60%가 발목과 고관절을 통해 우선 흡수된다. 이 체인이 매끄럽게 이어질 때, 하중은 압력에서 추진력으로 변한다. 반대로 한 부위라도 긴장하거나 고정되면, 그 충격은 특정 관절에 집중되어 통증으로 나타난다.

우리가 관절을 아껴야 하는 이유는 더 근본적인 데 있다. 근육은 혈관이 풍부해 손상되어도 빠르게 회복되지만, 관절을 덮고 있는 '관절 연골^{Articular Cartilage}'은 혈관이 없는 '무혈관 조직'이다. 연골은 혈액 대신, 관절이 움직일 때마다 스펀지처럼 뿜어져 나왔다가 흡수되는 '관절 활액^{Synovial Fluid}'을 통해서만 영양분과 산소를 공급받는다. 고강도 달리기는 이 스펀지를 회복할 틈 없이 쥐어짜지만, 슬로 조깅의 부드럽고 리드미컬한 압력은 이 스펀지를 규칙적으로 펌핑하여 영양을 공급하고 노폐물을 배출시킨다. 즉, 슬로 조깅은 관절을 소모하는 행위가 아니라, 관절에 밥을 주는 행위다. 가만히 쉬는 것은 오히려 연골을 굶기는 일이다.

슬로 조깅은 이 관절 체인을 되살리는 가장 좋은 방법이다. 천천히 달릴 때는 힘을 내는 법이 아니라 '힘을 전달하는 법'을 배운다. 속도를 낮추면 보폭이 줄고, 착지 각도가 완만해지며, 무

캐롤린 키스너·린 앨런 콜비·존 보르스타드, 『운동치료총론』, 채정병 외 옮김, 영문출판사, 2025.

과학이 증명하는 느림의 기적

룦과 발목의 굴곡이 충격을 흡수할 여유를 만든다. 「Journal of Biomechanics」의 연구에 따르면, 시속 8km에서 12km로 속도를 높일 때 무릎 관절에 가해지는 압박력은 최대 1.6배까지 증가한다. 속도를 줄이는 것은 단순한 체력 관리가 아니라, 관절의 마모를 막는 가장 현명한 공학적 선택이다.

몸이 스스로 충격을 흡수하는 또 하나의 시스템은 '근막 Fascia'이다. 근막은 근육을 감싸는 탄성 조직으로, 달릴 때 스프링처럼 늘었다가 수축하며 탄성 에너지를 저장·방출한다. 연구에 따르면, 이 근막이 제 기능을 할 때 러닝 에너지의 최대 30%가 근육이 아닌 근막의 반동으로 보존된다. 근막이라는 스프링의 가장 큰 적은 노화와 비활동이다. 몸을 덜 움직일수록 근막은 수분과 탄력을 잃고, 유연하던 조직은 점차 뻣뻣하고 약한 상태로 굳어간다. 근막 조직들이 서로 눌어붙는 유착이 발생하면, 우리는 몸이 굳고 관절이 아프다고 느낀다. 슬로 조깅의 부드럽고 반복적인 리듬은, 이 마른 스펀지 같은 근막에 다시 수분을 공급하는 가장 효과적인 펌핑 작용을 한다. 폼롤러가 외부에서 압력을 가하는 것이라면, 슬로 조깅은 몸 내부에서부터 스스로 근막을 마사지하여 그 탄성과 활주를 되찾게 하는, 가장 자연스러운 구조 회복술이다.

관절이 오래 버티려면 하중의 분산이 필수다. 무릎 통증의 60% 이상은 무릎 자체의 문제가 아니라 엉덩이와 발목의 기능 저하에서 비롯된다. 엉덩이 근육(특히 중둔근)이 약하면 착지 때 골반이 좌우로 흔들리고, 그 미세한 흔들림이 무릎 안쪽에 과도한 압력을 만든다. 반대로 발목의 유연성이 떨어지면 충격이 위로 전달되어 고관절이나 허리에 부담을 준다. 미국스포츠의학회^{ACSM} 보고에 따르면, 엉덩이 근육 강화 프로그램을 6주간 병행한 그룹은 달리기 무릎 통증이 평균 40% 감소했다. 강한 다리보다 중요한 건, '부드럽게 정렬된 다리'다.

이런 이유로, '정렬^{Alignment}'은 러너의 생명줄이다.

무릎이 안쪽으로 쏠리거나 발끝이 바깥으로 벌어지는 작은 틀어짐이, 매번의 착지에서 누적되면 부상으로 이어진다. 체중이 한쪽으로 쏠리지 않게 하려면, 코어(복부와 골반 주변 근육)의 안정성이 필요하다. 약한 코어는 허리를 휘게 하고, 골반의 중심을 흔들어 모든 관절 체인을 불안하게 만든다.

과학적으로도 이런 균형 훈련의 효과는 명확하다. 운동역학 연구에 따르면, 주 3회 이상 저강도 러닝을 병행한 그룹은 정적 근력 운동만 수행한 그룹에 비해 슬개대퇴통증(무릎 앞 통증) 발생률이 30% 이상 낮았다.

이들은 하체 근육의 강도보다 '신경-근 협응^{Neuromuscular Coordina-tion}' 능력이 높게 평가되었다. 즉, 오래 달리는 사람의 비결은 강한 근육이 아니라, 정확한 타이밍에 정확한 힘을 쓰는 영리한 근육이다.

뇌가 얻는 이 '인지적 여유'는, 우리 몸의 잊혀진 감각인 '고유수용성 감각^{Proprioception}'을 깨우는 스위치다. 이는 눈을 감고도 내 발목이 얼마나 꺾였는지, 무릎이 어디를 향하는지 아는 '제6의 감각'이다. 부상과 잘못된 자세는 이 감각 센서를 고장 낸다. 빠른 속도로 달릴 때, 뇌는 이 고장 난 센서의 정보를 무시하고 과거의 잘못된 패턴으로 근육에 명령을 내린다. 하지만 속도를 늦추고 감각에 집중하는 순간, 뇌는 비로소 관절 센서가 보내는 미세한 신호를 다시 수신하고, 잘못된 패턴을 실시간으로 수정하기 시작한다. 슬로 조깅은 근육 훈련이 아니라, 바로 이 고장 난 신경회로를 복구하는 정교한 재활 훈련인 셈이다.

나 역시 처음엔 힘으로 버티려 노력했다. 근육이 강하면 더 멀리 갈 수 있을 거라 믿었다. 하지만 시간이 지날수록 몸은 그 믿음을 수정했다. 무릎이 붓고, 발목이 뻣뻣해질 때마다 '지금은 속도가 아니라 균형을 배워야 할 때'라는 신호를 보냈다.

그때부터 나는 내 몸을 관찰하기 시작했다. 발이 닿는 소리, 골반의 미세한 흔들림, 어깨의 긴장을 느끼며 달렸다. 속도를 낮추자 오히려 리듬이 생겼고, 그 리듬이 통증을 사라지게 했다.

오래 달리는 사람은 근육보다 관절을 아낀다. 관절은 한 번 손상되면 완전히 복원되지 않는다. 그래서 좋은 러너는 빠른 사람보다 '부드럽게 오래 달리는 사람'이다. 속도의 증거는 기록에 남지만, 지속의 증거는 몸에 남는다. 그리고 그 몸을 지키는 건 결국, '관절의 지혜'다.

6장

7년의 증명,
감기를 이기는 몸의 비밀

예전엔 계절이 바뀔 때마다 감기에 걸렸다. 하루쯤 쉬면 낫겠지 생각했지만, 늘 1주일 가까이 지나야 간신히 회복됐다. 목이 따갑고 몸이 으슬으슬할 때면, "또 시작이구나" 하는 체념이 먼저 들었다.

그런데 이상하게도 달리기를 꾸준히 하면서부터 그런 날이 점점 줄어들었다. 몇 년에 한 번꼴로 줄더니, 러닝 13년 차인 지금, 나는 거의 7년 가까이 감기에 걸린 적이 없다.

물론 바이러스에 노출되는 순간은 여전히 찾아온다. 몸이 약간 무겁거나 목이 칼칼해질 때가 있다. 하지만 신기하게도 이제는 그걸 몸이 스스로 이겨내는 걸 느낀다. 하루를 넘기기도 전에 컨디션이 돌아오고, 열이 오를 듯 말 듯 하다가 사라지는 일이 수도 없이

과학이 증명하는 느림의 기적

반복됐다. 그 경험이 누적되면서 확신하게 됐다. 달리기를 한다는 건 단순히 근육을 단련하는 일이 아니라, 몸의 면역 회복력, 즉 스스로를 치유하는 힘을 단련하는 일이라는 걸.

달리기는 몸 안의 보이지 않는 근육, 즉 면역 체계를 훈련하는 일이다. 우리의 면역 체계는 쉼 없이 순찰하는 '이동 군대'다. 평소에는 혈관과 림프관을 따라 천천히 순환하지만, 운동을 시작하면 혈류가 빨라지며 순찰 속도 역시 두세 배로 빨라진다. 특히 저강도 유산소 운동은 외부의 적을 즉각 사살하는 선천면역세포(NK 세포)의 활성을 높이고, 이 군대가 몸의 가장 구석진 곳까지 순찰하도록 돕는다.

이때, 운동과 면역의 관계를 설명하는 가장 유명한 모델이 바로 'J커브J-Curve'다. 운동을 전혀 하지 않는 사람의 감염 위험도를 평균이라고 할 때, 슬로 조깅처럼 규칙적인 중강도 운동을 하는 사람의 감염 위험도는 평균보다 현저히 낮아진다. 이곳이 바로 면역력이 최고조에 달하는 '스위트 스폿Sweet Spot'이다. 하지만 흥미롭게도, 마라톤 풀코스 완주 직후처럼 극도로 격렬한 고강도 훈련을 한 사람의 감염 위험도는 오히려 평균보다 높아진다.

이것이 바로 '열린 창Open Window' 이론이다. 극심한 훈련은 우리 몸에 엄청난 스트레스로 작용하여, 코르티솔과 아드레날린 같은 스트

David C. Nieman, "Exercise, Infection, and Immunity," Int J Sports Med 15, suppl. 3 (1994): S131–41.

레스 호르몬을 대량 분비시킨다. 이 호르몬들은 T세포와 NK세포 같은 핵심 면역세포들의 기능을 일시적으로 마비시킨다. 이 면역 공백 상태는 훈련 직후부터 최소 3시간에서 길게는 72시간까지 지속되며, 이 시간 동안 우리 몸은 바이러스와 세균에 무방비로 노출된다. 슬로 조깅은 J커브의 가장 깊은 지점을 공략하여 면역력을 자극하지만, 고강도 훈련은 이 '열린 창'을 만들어 면역력을 억압하는 위험을 감수하는 것이다.

슬로 조깅은 바로 이 면역 균형을 되살리는 가장 좋은 방법이다. 심박이 급격히 오르지 않는 속도에서 달릴 때, 몸은 과도한 스트레스 대신 '건설적인 자극'을 받는다. 이 긍정적인 자극은 면역 시스템을 잠에서 깨우는 백신처럼 작용하여(호르메시스 효과), 몸의 방어 태세를 점검하고 강화한다.

「Frontiers in Immunology」에 실린 연구에 따르면, 주 3회 이상 30분간의 저강도 러닝을 8주간 지속한 그룹은 NK 세포의 활성도가 40% 이상 증가했다. 과도하지 않은 반복 자극은 면역 체계에 '훈련된 안정'을 만들어낸다.

규칙적인 유산소 운동은 장내 미생물이 살아가는 환경에도 변화를 만든다. 슬로 조깅처럼 무리하지 않고 꾸준히 이어갈 수 있는 운동은 장의 움직임과 대사 환경을 안정시키고, 장내 미생물 구성을 더 건강한 방향으로 이끌 수 있다.

일부 연구에서는 이런 운동 습관이 장내 미생물의 다양성을

높이고, 유익균의 비율을 늘리는 변화와 연결된다고 보고한다.

이러한 유익균은 장 점막을 보호하고 면역 반응의 균형을 돕는 물질이다. 즉, 슬로 조깅은 근육과 심폐기능만 단련하는 일이 아니라, 몸속 면역과 대사의 토양이 되는 장내 생태계를 더 풍요롭게 가꾸는 일이기도 하다.

면역은 또한 스트레스의 영향을 그대로 받는다.

지속적인 긴장은 교감신경을 항진시켜 코르티솔을 과다 분비시키고, 면역세포의 순환을 억제한다. 하지만 부드러운 러닝은 뇌의 스트레스 축을 안정시키고, 회복을 관장하는 부교감신경을 활성화한다. 심리신경면역학[PNI] 연구에서도 한 달 이상 꾸준히 달린 사람은 불안·우울 점수가 평균 25% 이상 낮았다. 달리기는 몸의 면역력을 강화하는 동시에 마음의 면역을 되살린다. 몸과 마음의 회복은 언제나 같은 리듬 위에서 작동한다.

그렇다면, 감기 기운이 느껴질 때 우리는 달려야 할까, 쉬어야 할까?

이때 러너들에게는 '넥 체크[Neck Check]'라는 현명한 규칙이 있다. 모든 증상이 '목 위에만' 있다면(예: 콧물, 재채기, 가벼운 목의 칼칼함), 아주 가벼운 슬로 조깅이나 산책은 오히려 혈액 순환을 도와 회복에 이로울 수 있다. 하지만 증상이 '목 아래로' 내려왔다면(예: 오한, 근육통, 발열, 가슴이 답답한 기침), 이는 전신 면역 반응이 시작되었

• **Leizi Min et al., "Effects of Exercise on Gut Microbiota of Adults," Nutrients 16, no. 7 (2024): 1070.**

다는 신호다. 이때의 훈련은 독이며, 반드시 쉬어야 한다. 이것이 바로 면역의 신호에 귀 기울이는 법이다.

면역의 회복력은 단순히 병을 이겨내는 힘이 아니다. 그것은 몸이 균형을 되찾는 능력, 즉 항상성Homeostasis이다. 그 리듬이 깨지면 작은 염증에도 몸이 과하게 반응하고, 피로가 오래 남는다. 하지만 일정한 강도와 주기로 달리는 몸은 점차 스트레스에 적응하며, 면역 반응의 폭도 부드럽게 조절된다.

꾸준한 달리기는 내 몸의 기본 방어력을 바꿔 놓았다. 예전에는 작은 피로에도 면역이 흔들렸지만, 이제는 미세한 자극에도 몸이 스스로 균형을 되찾는다. 달리기를 통해 내가 얻은 건 단순한 체력이 아니라, 면역이 스스로 회복하는 능력이었다.

지속 가능한 러닝의 핵심은 면역 회복력을 잃지 않는 것이다. 과도한 훈련은 J커브의 끝으로 우리를 내몰아 방어막을 약하게 만든다. 그러나 천천히, 꾸준히, 면역의 스위트 스폿을 지키며 달리는 사람의 몸은 스스로 회복하는 법을 배운다. 그들은 감기에 덜 걸리고, 피로가 오래가지 않으며, 부상에서도 더 빨리 돌아온다. 러닝은 단순한 운동이 아니라, 몸 안의 면역이 스스로를 단련하는 기술을 배우는 과정인 것이다.

7장

노화의 속도를 늦추는 법, 장수 유전자를 깨우다

몸이 나이를 먹는다는 건, 세포가 '시간에 대한 반응'을 늦게 하기 시작한다는 뜻이다. 피로에서 회복하는 속도, 상처가 아물기까지의 기간, 염증이 가라앉는 데 걸리는 시간과 같이 생리적 반응들이 미세하게 늦어지는 순간부터 노화는 시작된다. 하지만 달리기를 지속하는 사람의 몸은 이 반응 속도를 다시 조율한다. 운동은 단순히 근육을 키우는 일이 아니라, 세포가 스스로 복구 명령을 내리는 능력을 되살려주는 과정이기 때문이다.

그 중심에는 세포의 에너지 공장인 미토콘드리아가 있다. 미토콘드리아는 나이가 들수록 밀도와 효율이 떨어지며, 이는 곧 세포가 에너지를 생산하는 근본 능력이 저하됨을 의미한다. 하지만 홀

로지와 코일의 연구가 밝혔듯, 지속적인 지구력 운동은 골격근 내 미토콘드리아 함량과 호흡 용량을 증가시키고, 그 결과 세포의 에너지 생산 효율을 높인다. 몸이 젊다는 건 외형의 문제가 아니라, 이 세포 안의 에너지 흐름이 활발하다는 뜻이다.

이 에너지를 지휘하는 것이 바로 '장수 단백질(SIRT1, AMPK 등)'이다. 이 단백질들은 세포 속 에너지를 재분배하고, 손상된 DNA를 복원하며, 신진대사를 일정하게 유지시킨다. 슬로 조깅과 같은 꾸준한 저강도 자극은 이 단백질들을 지속적으로 활성화시킨다. 이 장수 단백질이 활성화될 때, 세포 안에서는 '오토파지^{Autophagy}', 즉 '자가 포식'이라는 경이로운 대청소가 시작된다. 이는 세포가 스스로의 손상된 부속품이나 노폐물을 분해하고 재활용하는 시스템이다. 노화란 이 청소 시스템이 고장 나, 세포 안에 쓰레기가 쌓여가는 과정과 같다. 슬로 조깅은 몸을 극한으로 몰아붙이지 않고, 건강한 자극을 줌으로써 이 오토파지 스위치를 켜고, 우리 몸이 스스로를 정화하고 젊음을 되찾도록 명령한다.

노화의 또 다른 주범은 몸속에서 잔불처럼 타오르는 '만성 염증^{Inflammaging}'이다. 이 염증이 쌓이면 세포는 스스로를 공격하고, 피로는 일상이 된다. 달리기는 이 만성 염증을 줄이는 가장 효율적인 습관이다. 「Journal of the American College of Cardiology」의 보고처

John O. Holloszy and Edward F. Coyle, "Adaptations of Skeletal Muscle to Endurance Exercise and Their Metabolic Consequences," J Appl Physiol 56, no. 4 (1984): 831–38.

과학이 증명하는 느림의 기적

럼, 꾸준한 러닝은 혈중 염증 단백질 수치를 낮춘다. 이는 운동이 면역 체계를 흥분시키는 대신, 균형 잡힌 반응을 학습시킨다는 증거다.

마지막으로, 이 모든 변화는 세포의 시계인 '텔로미어Telomere'에 기록된다. 염색체 끝을 보호하는 이 구조는 세포가 분열할 때마다 닳아 없어지며 세포의 수명을 결정한다. 하지만 하버드 의대의 연구에서 증명되었듯, 꾸준한 유산소 운동은 이 텔로미어의 마모 속도를 늦추는 것을 넘어, '텔로머라아제Telomerase'라는 복구 효소의 활성도를 높인다. 텔로머라아제는 닳아버린 텔로미어의 끝을 다시 수리하고 연장하는 역할을 한다. 즉, 달리기는 단순히 시계의 바늘을 느리게 가게 하는 것이 아니라, 시계의 태엽을 다시 감는 행위에 가깝다. 시간은 누구에게나 같은 속도로 흐르지만, 달리기는 세포가 그 시간을 받아들이는 방식을 바꾸고, 심지어 되돌릴 수 있는 잠재력을 깨우는 것이다.

이 네 가지 과학적 기적(미토콘드리아, 오토파지, 염증 감소, 텔로미어 복구)이 내 몸 안에서 실제로 일어나고 있다는 사실을, 나는 13년 전 러닝 클럽에서 처음 실감했다.

그곳에는 30대부터 70대까지 다양한 러너들이 있었다. 특히 50

Constantinos Kasapis and Paul D. Thompson, "The Effects of Physical Activity on Serum C-Reactive Protein and Inflammatory Markers," J Am Coll Cardiol 45, no. 10 (2005): 1563–69.

대 이상의 분들이 주축을 이루고 있었는데 이상할 만큼 모두 젊어 보였다. 얼굴빛이 맑고, 달리는 걸음은 가볍고, 허리는 곧았고, 피부도 또래보다 훨씬 좋아 보였다.

그날 나는 확신했다. '젊음은 나이가 아니라 회복의 속도에 달려 있구나.' 세포의 시계가 천천히 흐르는 사람들은 외형도, 표정도 달랐다. 달리기가 세포의 시간을 늦춘다는 믿음은 그날부터 내게 이론이 아니라 살아있는 현실이 되었다.

이러한 세포 단위의 변화는 몸 전체의 시스템을 변화시킨다. 나이가 들면 혈관 내피세포의 기능이 떨어지지만, 꾸준한 유산소 운동은 혈관의 탄성을 높여 모세혈관 밀도를 15~20% 높게 유지시킨다. 이는 세포가 젊음을 유지하기 위한 '산소 공급망'이 오래 작동한다는 뜻이다.

뇌 역시 마찬가지다. 유산소 운동은 뇌 혈류를 늘리고, '뇌의 젊음 호르몬'이라 불리는 BDNF의 분비를 증가시킨다. 달리기는 근육을 단련하는 운동이 아니라, 뇌의 신경망을 다시 설계하는 운동이다.

호르몬 시스템 역시 재조정된다. 노화는 단순히 성장호르몬이나 성호르몬의 생산량이 줄어드는 문제일 뿐만 아니라, 우리 세포가 그 호르몬의 신호를 듣지 못하는 '저항성'의 문제이기도 하다. 꾸준한 달리기는 이 무뎌진 수용체의 민감도를 다시 날카롭게 벼린다. 특히 낮 동안의 규칙적인 유산소 운동은, 밤사이 깊은 수면 중에 분비되는 성장호르몬의 분비 패턴을 최적화하여, 몸의 회복 사이클을 정상 궤도로 되돌려 놓는다. 나이가 들어도 꾸준히 달리는

사람들의 체온과 수면 패턴이 안정적인 이유가 바로 여기에 있다.

　나는 지금도 그 사실을 몸으로 느낀다. 예전엔 피로가 사흘씩 갔지만, 지금은 하루면 돌아온다. 상처가 나도 더 빨리 아물고, 감기가 와도 몸이 금세 이겨낸다. 결국 시간은 누구에게나 공평하지만, 그 시간을 어떻게 소모하느냐는 각자의 선택이다. 신발 끈을 묶고 천천히 달리는 30분의 반복이 텔로미어의 모래시계를 늦추고, 혈관과 뇌, 면역을 다시 엮는다. 젊음은 기적이 아니라 습관의 결과인 셈이다.

8장

몸의 스위치를 끄는 법, 자율신경의 재조정

달릴 때 몸속에서는 두 가지 신호가 동시에 오간다.

근육은 수축하며 에너지를 요구하고, 신경계는 심박을 높이며 혈류를 확장시킨다. 그런데 일정 시간이 지나면, 흥분했던 교감신경이 서서히 가라앉고 부교감신경이 그 자리를 메운다. 땀은 나고 숨은 차지만, 이상하게 마음이 가라앉는 이유가 여기에 있다. 뇌는 과열된 교감신경을 식히기 위해 세로토닌과 GABA 같은 억제성 신경전달물질을 분비하고, 심장은 이 신호에 반응해 박동을 늦춘다. 겉으론 운동이지만, 내부에서는 회복의 스위치가 켜지는 순간이다.

자율신경계는 교감신경Sympathetic과 부교감신경Parasympathetic으로 나뉜다.

문제는 현대인의 하루가 대부분 교감신경에 잠식되어 있다는 점이다. 끊임없는 알림과 일정, 정보의 과부하가 지속적인 긴장 상태로 만든다. 그 결과 수면은 얕아지고, 피로가 누적되고, 마음은 들끓는다.

슬로 조깅의 가치는, 과도한 교감 흥분 없이 부교감신경 활성을 서서히 끌어올린다는 데 있다.

빠른 달리기에서 아드레날린이 급등한다면, 느린 달리기에서는 세로토닌·엔도르핀이 균형 있게 분비되어 신경계를 안정화한다. 호흡이 일정하고 심박이 완만하게 오르면, 뇌는 이것을 '위협이 아니라 회복'이라 판단한다. 몸은 계속 움직이지만, 마음은 그 순간부터 정리되기 시작한다.

운동생리학에서는 운동 후 심박이 얼마나 빨리 안정되는지를 심박 회복 속도HRR로 확인한다.

HRR이 빠를수록 심혈관 건강과 스트레스 내성이 높다. 진짜 강한 몸은 오래 달리는 몸이 아니라, 흥분 후에도 빨리 안정되는 몸이다. 슬로 조깅은 강한 자극보다 일정한 패턴의 반복으로 HRR을 훈련한다. 이게 신경계의 회복 탄성을 키우는 가장 안전한 길이다.

코르티솔도 마찬가지다. 과도한 강도는 일시적으로 코르티솔을 끌어 올리지만, 저강도 유산소는 오히려 하루의 리듬을 안정시킨다. 슬로 조깅을 비슷한 시간대에 반복하면 몸은 '지금은 회복 타임'이라는 신호를 학습한다. 결과적으로 코르티솔은 필요할 때만 분비되고, 나머지 시간은 부교감신경이 주도권을 쥔다.

이 균형은 몸의 반응에서도 분명해진다. 나는 달리기 전까지 발에 땀이 많아 늘 불편했고, 환절기마다 비염으로 고생했다. 하지만 슬로 조깅을 꾸준히 하자 증상들이 눈에 띄게 줄었다. 혈류가 고르게 돌고 체온 조절이 안정되면 말초신경의 과긴장이 완화되고, 자율신경 불균형과 연관된 비염 같은 증상도 자연스레 진정된다. 즉, 슬로 조깅은 심리 안정만이 아니라 생리적 질서의 복원까지 이끄는 것이다.

이런 생리적 균형은 곧 심리적 변화로 이어진다. 스트레스 관리 지표인 심박변이도HRV는 높을수록 상황 대응의 여유가 큰데, 슬로 조깅은 일정한 호흡과 보행 박자로 HRV를 끌어올리는 대표 활동이다. 명상·호흡과 유사한 생리 효과가 보고되는 이유이기도 하다. 실제로 저강도 유산소를 지속한 그룹은 명상 그룹과 비슷한 수준의 부교감신경 활성도를 보였다는 보고도 있다.

변화는 달리는 순간보다 달린 후가 더 또렷하다. 운동을 마치고 난 뒤의 맑은 기분, 따뜻한 피로, 불필요한 생각의 감소 등은 몸이 본격적인 회복 모드로 들어갔다는 표지다. 이때는 안정성 신호가 우세해져 과도한 흥분을 가라앉힌다.

나는 이 전환을 수없이 확인했다. 예전엔 하루가 끝나도 머릿속이 멈추지 않아 뒤척였지만, 30분의 느린 달리기를 들인 뒤부터 땀이 식을 즈음 몸의 긴장이 풀리고 마음의 소음이 낮아졌다. 샤워를 마치면 하루가 단정히 정리된다. 단순한 기분 탓이 아니라 신경계

가 정돈된 상태이기 때문이다.

자율신경의 균형이란 내 몸의 페이스를 되찾는 일이다. 빠르게 달릴 땐 흥분의 페이스가, 천천히 달릴 땐 회복의 페이스가 만들어진다. 슬로 조깅은 두 페이스를 부드럽게 연결한다. 교감신경이 몸을 깨우면, 부교감신경이 마음을 다독인다. 이 균형이 유지될 때 우리는 단순한 건강을 넘어 안정된 에너지를 갖는다.

결국 슬로 조깅이 만들어내는 가장 큰 변화는 자율신경의 균형이 회복된 몸이다. 그래서 슬로 조깅을 계속하는 사람들은 '마음이 단단해진다'기보다 '마음이 조용해진다'라고 말한다. 이는 단순한 기분의 변화가 아니라, 자율신경이 균형을 되찾았다는 생리적 신호다.

진짜 평온은 노력으로 만드는 것이 아니라, 균형이 복원된 몸이 만들어주는 자연스러운 상태다. 슬로 조깅은 그 균형을 가장 단순하고 안전하게 되찾는 방법이다.

흔들림 없이 평생 이어가는

매일 러닝 습관

1장

결심 대신 설계를, 의지 대신 습관을

처음 달리기를 시작했을 때, 나는 매번 결심이 필요했다.

날씨를 확인하고, 운동화를 꺼내 들고, 옷을 갈아입는 그 짧은 시간 동안에도 수십 가지 생각이 오갔다. '오늘은 그냥 쉴까? 내일은 더 일찍 일어나야 하는데….' 그 작은 망설임이 문 앞에서 나를 붙잡곤 했다.

달리기는 단순한 운동 같지만, 그 안에는 늘 '시작 저항^{Activation Energy}'이라는 거대한 심리적 장벽이 있다. 피로, 귀찮음, 날씨, 컨디션, 일정 등 모든 것이 '오늘은 나가지 말자'는 달콤한 속삭임이 되어 우리를 붙잡는다.

그럼에도 나는 지금까지 달려왔다. 비결은 대단한 의지나 특별한 각오가 아니었다. '결심'이라는 불안정한 감정에 기대는 것을 포기하고, '습관'이라는 단단한 시스템을 설계하기로 선택한 결과다. 결심은 매번 에너지를 소모하지만, 잘 설계된 시스템은 최소한의 에너지로 우리를 움직이게 만든다. 달리기를 '의지의 영역'에서 '자동 실행의 영역'으로 옮기는 것, 그것이 꾸준함의 핵심이었다.

이제 나는 달리기를 할까 말까로 고민하지 않는다. 그저 정해진 시간에, 정해진 순서로 몸을 움직인다. 아침이면 무의식적으로 전날 밤 준비해 둔 러닝복을 입고 현관으로 향한다. 신발 끈을 묶을 때쯤이면, 뇌는 이미 달리기 모드로 전환되어 있다. 결심 없는 행동이야말로 13년의 달리기가 내게 가르쳐 준 가장 강력한 지속의 기술이다.

습관은 의지를 대신한다. 의지는 감정의 파도에 흔들리지만, 습관은 감정의 바깥에서 묵묵히 작동한다. 이것이 바로 짧은 러닝이 가진 폭발적인 힘의 비밀이다. 단 10분의 달리기는 단순한 몸풀기가 아니라, 우리 뇌의 습관 회로를 다시 프로그래밍하는 가장 효과적인 훈련이다. 왜냐하면 습관 형성의 핵심은 강도나 시간이 아니라, '시작의 문턱을 얼마나 낮추는가'에 있기 때문이다.

심리학자 로이 바우마이스터가 말한 '의지력 고갈^{Ego depletion}' 이론처럼, 우리의 의지력은 하루 동안 사용할 수 있는 총량이 정해져 있다. 매번 거창한 목표(예: 1시간 달리기)를 세우고 결심을 요구하면, 우리는 시작하기도 전에 의지력을 소진해 버린다. 하지만 '딱 10분만 달리자'고 목표를 낮추는 순간, 뇌는 이 과제를 '충분히 해볼 만

한 일'로 인식하고 시작 저항을 극적으로 낮춘다.˙ 그 단순함이 결국 우리를 문밖으로 밀어낸다.

신경과학적으로도 짧은 반복은 뇌의 보상 회로를 강력하게 자극한다. 쾌감 호르몬인 도파민은 목표를 달성했을 때보다, 목표를 향해 나아가기 시작할 때 더 결정적으로 분비된다. 즉, 10분 달리기는 완주의 성취감보다 '시작했다는 행위 자체'에 대한 보상을 뇌에 각인시킨다. 이 짧고 빈번한 보상의 경험은, 의사결정을 담당하는 전전두엽과 습관 형성을 관장하는 선조체 사이의 신경 경로를 강화한다. 마치 숲길을 계속 걸으면 길이 넓고 단단해지듯(신경가소성), '10분 달리기'라는 행동 패턴이 뇌 속의 고속도로가 되는 것이다. 꾸준히 달리는 사람의 뇌는, '운동을 고민하는 뇌'에서 '운동을 당연하게 실행하는 뇌'로 물리적으로 변화한다.

짧은 러닝은 또한 뇌에 성공 경험을 끊임없이 주입한다. 단 10분이라도 달렸다는 감각은 '나는 할 수 있는 사람'이라는 자기 효능감Self-efficacy을 높이고, 이 긍정적인 감정은 다음 날 다시 시작할 에너지가 된다. '오늘도 해냈다'는 이 작지만 확실한 보상이, 마침내 달리기를 해야 하는 일에서 '하지 않으면 허전한 일'로 바꾸어 놓는다. 꾸준히 달리는 사람은 더 이상 동기 부여가 필요 없다. 그들은 달리고 싶다는 감각 그 자체로 움직인다.

˙ 로이 F. 바우마이스터·존 티어니, 『의지력의 재발견』, 이덕임 옮김, 에코리브르, 2012.

나는 예전엔 매번 1시간 이상을 확보해야만 달릴 수 있다고 생각했다. 하지만 지금은 다르다. 출근 전 15분, 점심시간 20분, 퇴근길 버스 한 정거장 전에 내려 10분. 이 짧은 순간의 달리기가 하루의 무너진 리듬을 놀랍도록 빠르게 복원시킨다. 하루 24시간 중 단 1%의 시간. 그 최소한의 투자가 나를 다시 삶의 중심으로 되돌려 놓는다.

뇌는 반복된 경험을 통해 세상을 예측하고 효율화하는 놀라운 능력을 지녔다. 처음에는 의지로 시작하지만, 반복을 통해 그 행동이 예측할 수 있는 보상(상쾌함, 성취감)을 가져온다는 것을 학습하면, 뇌는 더 이상 의지력에 의존하지 않고 그 행동을 자동화한다. '오늘은 피곤하니 쉴까?'라는 생각이 '딱 10분만 뛰고 오자'로 바뀌는 순간, 당신의 뇌는 이미 변화를 시작한 것이다. 의지가 습관으로, 습관이 마침내 '나는 달리는 사람'이라는 정체성으로 바뀌는 과정. 단 10분의 반복이 그 사람의 하루를, 생각하는 방식을, 그리고 삶의 궤적을 바꾼다.

2장

아침 vs 저녁:
당신의 몸이 답해준다

달리기를 꾸준히 이어가려면 '언제 달릴 것인가'를 정하는 일이 생각보다 중요하다. 단순히 일정 관리의 문제가 아니라, 시간대에 따라 몸의 반응과 심리적 효과가 달라지기 때문이다. 같은 거리라도 아침과 저녁에 달렸을 때의 느낌, 회복 속도, 컨디션은 전혀 다르다. 자신에게 맞는 시간대를 찾는 일은 몸의 시간표를 세우는 일이다.

아침 러닝의 가장 큰 장점은 '시동을 건다'라는 데 있다. 하루를 시작하기 전, 공복 상태의 몸은 혈당이 낮고 코르티솔이 높아 각성이 필요한 상태다. 이때 가벼운 유산소 자극을 주면, 교감신경이 자연스럽게 활성화되며 몸이 깨어난다. 심장이 규칙적으로 뛰기 시작하고, 체온이 서서히 올라가며 밤새 정체돼 있던 혈류가 전신으로 퍼진다. 운동생리학적으로 아침 러닝은 대사 점화 역할을 한다. 공복 상태에서는 글리코겐보다 지방이 에너지원으로 쓰이기 쉽다. 그래서 짧은 거리라도 지방 연소 비율이 높아지고, 슬로 조깅 초보자나 체중 조절이 필요한 사람에게 특히 효과적이다.

또한 아침 러닝은 정신적인 리셋에도 도움이 된다. 햇빛을 받으며 들이마시는 공기는 세로토닌 분비를 촉진하고, 이 호르몬은 하루의 기분과 집중력을 결정한다. 실제로 아침 러닝 후 기분이 좋아진다고 느끼는 이유는 이때 분비된 세로토닌 덕분이다. 하지만 단점도 있다. 밤새 경직된 근육과 관절을 충분히 풀지 않고 바로 달리면 부상의 위험이 크다. 따라서 아침 러닝은 반드시 '예열식 러닝'이어야 한다. 기상 직후 5~10분간 스트레칭이나 가벼운 보행으로 심박을 서서히 끌어올린 뒤 천천히 조깅으로 전환하는 것이 좋다.

반대로 저녁 러닝은 하루를 정리하고 긴장을 풀어주는 역할을 한다. 업무와 일정으로 교감신경이 과활성된 상태에서 저강도의 운동을 하면, 흥분된 신경이 가라앉으며 부교감신경이 서서히 작동한다. 심박이 높아졌다가 안정되는 과정이 반복되며 몸은 '이제 하루가 끝났다'는 신호를 받는다. 이 시점에 분비되는 엔도르핀은 긴장을 완화하고, 세로토닌은 안정감을 높인다. 그래서 저녁 러닝은 수면의 질을 높이고, 코르티솔의 일내변동을 정상화하는 데 도움이 된다.

또한 저녁 시간은 체온이 가장 높은 시기이기도 하다. 낮 동안

대사가 활성화되어 근육의 유연성과 반응성이 아침보다 높다. 실제로 여러 연구에서 저녁 시간대의 러닝 경제성이 5~7% 향상된다고 보고했다. 같은 속도로 달려도 피로감이 덜하고, 회복 속도도 빠르다는 의미다. 그만큼 훈련 강도를 조금 높이거나 페이스 감각을 잡기에도 좋다. 다만 취침 2시간 이내의 운동은 교감신경을 다시 자극해 오히려 수면을 방해할 수 있다. 저녁 러닝을 할 때는 마무리 의식처럼 활용하는 게 좋다. 페이스를 올리기보다는 점점 속도를 줄이며 하루를 정리하는 쿨다운으로 마무리하는 것이 이상적이다.

그렇다면 아침 러닝과 저녁 러닝 중 어느 쪽이 더 좋을까? 정답은 없다. 달리기는 시간대보다 지속 가능성이 더 중요하다. 중요한 것은 내 몸이 자연스럽게 반응하는 시간대를 찾는 것이다. 아침형이라면 몸보다 마음을 먼저 깨우는 가벼운 조깅이 적합하다. 저녁형이라면 하루의 긴장을 서서히 식히는 쿨다운 조깅이 맞다. 아침에 달리는 사람은 에너지를 불러오고, 저녁에 달리는 사람은 에너지를 비워낸다. 둘 다 의미가 있다.

몸은 반복되는 자극에 적응한다. 같은 시간대, 같은 장소, 같은 순서로 반복되는 루틴이 생기면 자율신경계는 그 패턴을 기억한다. '이 시간에는 움직인다'라는 신호가 무의식에 새겨지면 결심이 필요하지 않다. 꾸준히 달리는 사람은 대부분 언제 달릴지에 대한 시간

• **T. Reilly and J. Waterhouse, "Time of Day and Exercise," Sports Med 37, no. 8 (2007): 669–84.**

의 고정점을 갖고 있다. 달리기 능력보다 중요한 것은 바로 이 반복의 일관성이다. 몸은 예측할 수 있는 리듬 안에서 가장 안정적으로 성장한다.

자신에게 맞는 시간대를 찾는 방법은 단순하다. 나 역시 이런 과정을 거쳤다. 3일은 아침에, 다음 3일은 저녁에 달려보면 된다. 각각의 컨디션, 집중도, 수면의 질, 다음 날의 피로도를 기록해 보면 금세 어떤 시간대가 자신에게 맞는지 알 수 있다. 억지로 아침형을 흉내 내기 위해서 저녁형을 포기할 필요는 없다. 중요한 건 자신이 지속할 수 있는 리듬을 찾는 일이다.

나 역시 여러 시간대에 달려보며 나에게 맞는 템포를 찾아왔다. 처음엔 저녁 러닝을 시도했다. 하루를 마치며 달리는 여유가 좋을 것 같았다. 하지만 막상 해보니 생각처럼 몸이 따라주지 않았다. 하루 종일 쌓인 피로가 좀처럼 가시질 않았다. 도시의 불빛은 눈부셨고, 몸은 이미 '오늘을 마치고 싶다'는 신호를 보내고 있었다. 달리고 나면 오히려 기분이 가라앉기도 했다. 몸은 움직였지만, 하루의 에너지가 끝난 뒤라 달리기가 나를 회복시키지 못하는 것 같았다.

그래서 아침으로 옮겼다. 이불 속의 유혹은 컸지만, 한 번 문을 열고 나가면 세상이 달라져 보였다. 공기는 차갑지만 깨끗했고, 도시는 아직 깨어나지 않았다. 사람의 발소리보다 새소리가 먼저 들리고, 하늘은 서서히 밝아졌다. 그 시간대엔 세상보다 내가 먼저 깨어있었다. 달리기를 시작하면 심장이 가장 먼저 깨어나고, 이어서 생각이 정리되기 시작했다. 몸이 움직이자 마음이 따라왔다. 나에게 아침 러닝은 단순한 운동이 아니라 '마음의 기상'에 가까웠다.

나는 그 시간을 '시작의 시간'이라 부른다. 저녁에 달릴 땐 하루를 정리하지만, 아침에 달릴 땐 하루를 설계한다. 달리는 동안 오늘 해야 할 일들이 자연스럽게 정돈되고, 걱정이나 피로보다 어떠한 가능성이 먼저 떠오른다. 몸이 깨어날 때, 마음은 미래를 향해 열린다. 땀이 이마에 맺힐 즈음엔 오늘 하루의 중심이 잡힌다. 달리기를 마치고 돌아와 샤워를 하면, 이미 마음은 반쯤 이긴 상태다. 하루의 첫 결정을 스스로 내리고 실천했다는 감각, 그것이 나를 점점 단단하게 만들었다.

아침 러닝이 주는 또 다른 힘은 '방해받지 않는 시간'에 있다. 아직 세상이 본격적으로 움직이기 전이라 전화도, 메신저도, 미팅도 없다. 오롯이 나 자신과만 연결된 시간이다. 그 고요 속에서 달리는 리듬은 명상에 가깝다. 숨소리, 발소리, 심장 박동만 들린다. 어제의 감정이 남아있더라도, 그 리듬 속에서 자연스럽게 정화된다. 달리기 전에는 해결되지 않던 생각들이, 달리고 나면 단순해진다. 아침 공기 속에서는 복잡한 일도 명료하게 보인다.

이제 나는 저녁의 에너지가 아니라 아침의 빛으로 하루를 산다. 달리기를 시작하기 전엔 늘 피곤했지만, 이상하게도 뛰고 나면 오히려 더 생기가 돈다. 몸이 깨어나고, 그다음엔 마음이 깨어난다. 그 차이를 알게 된 순간, 나는 더 이상 시간을 쫓지 않고 시간을 맞이하는 사람이 되었다. 아침 러닝은 내게 하루의 시작을 주는 동시에, '오늘을 살아갈 마음의 자세'를 만들어준다. 몸이 깨어나는 그 순간, 마음도 함께 일어난다. 그리고 그 마음으로 하루를 산다.

아침 러닝은 각성의 시간이고, 저녁 러닝은 안정의 시간이다. 하나는 하루를 여는 스위치, 다른 하나는 하루를 닫는 스위치다. 어느 쪽을 선택하든 중요한 건 '일관성'이다. 몸은 반복된 자극을 기억하고, 그 기억이 루틴으로 굳어진다. 러닝의 지속 가능성은 의지에서 오지 않는다. 결국 일정한 시간에 반복되는 습관이 달리기를 오래 이어가게 만든다. 아침이든 저녁이든, 자신에게 맞는 템포를 찾아보자.

3장

달리기를 자동화하는
환경 설계법

달리기를 꾸준히 이어가려면 의지보다 환경이 먼저 설계되어야 한다. 사람은 결심의 동물이 아니라, 환경의 동물이다. 어떤 공간에 무엇이 놓여있고, 어떤 시간에 어떤 신호가 들어오는지가 행동을 결정한다. 그래서 진짜 꾸준한 사람은 강한 사람이 아니라, 움직일 수밖에 없는 시스템을 만들어둔 사람이다. 달리기 역시 예외가 아니다. '언제, 어디서, 어떻게 나갈 것인가'를 자동화하면, 결심 없이도 몸이 먼저 움직이게 된다.

가장 먼저 바꿔야 할 것은 물리적 환경이다. 러닝복과 운동화를 눈에 잘 보이는 곳에 두는 일부터 시작하자. 단순하지만 강력한 원리다. 우리는 시각적 자극에 가장 크게 반응한다. 옷장이 아니라 현관 근처, 또는 침대 옆 의자 위에 러닝복을 놓아두면 아침에 눈을 뜨는 순간 그 존재가 행동을 유도한다. 눈에 보인다는 건 언젠가 해야 할 일이 아니라 '지금 당장 가능한 일'로 인식된다는 뜻이다. 행동심리학자 B.J. 포그는 "환경에서의 마찰을 줄이는 것이 습관 형성의 핵심"이라고 말했다. 달리기를 어렵게 만드는 건 의지가 부족해서가 아니라, 준비 과정의 번거로움 때문이다.

둘째는 시간 환경의 고정이다. 매일 다른 시간에 달린다라는 건 매번 결정을 새로 내려야 한다는 의미다. 뇌는 이 결정 과정에서 에너지를 소모한다. 반대로 일정한 시간대를 고정하면, 뇌는 그 패턴을 학습해 결정 피로를 줄인다. 아침이든 저녁이든 같은 시간대에 출발하는 사람은 이미 절반의 루틴을 완성한 셈이다. 시간은 습관의 리듬을 만드는 가장 강력한 프레임이다. 실제로 하버드의 행동 과학 연구에 따르면, 같은 시간대에 운동하는 사람은 그렇지 않은 사람보다 40% 이상 높은 지속률을 보였다. 이유는 단순하다. 몸이 그 시간을 '움직임의 신호'로 기억하기 때문이다.

셋째는 공간의 자동화다. 특정 장소를 '출발점'으로 고정하면 행동이 단순해진다. 예를 들어 현관문을 나서기 직전까지는 여러

* BJ 포그, 『습관의 디테일』, 김미정 옮김, 흐름출판, 2020.
** 위와 동일

흔들림 없이 평생 이어가는 매일 러닝 습관

생각이 끼어들 수 있지만, 현관 앞에 가지런히 놓인 신발을 보는 순간 뇌는 '출발 루틴'을 실행한다. 달리기를 습관화하던 시절, 나는 현관문 옆에 작은 러닝 존을 만들었다. 작은 선반 위에 모자, 이어폰, 러닝 벨트를 항상 같은 자리에 정리해 두었다. 모든 준비물이 한곳에 모여있으면 '나가기 전 여기저기 찾아 헤매는' 복잡한 단계가 사라진다. 이처럼 '준비 과정을 단축'하는 것이 자동화의 첫걸음이다.

넷째는 디지털 환경의 세팅이다. 스마트폰은 달리기를 방해하기도, 돕기도 한다. 방해 요인은 제거하고, 도움이 되는 자극만 남겨야 한다. 예를 들어 매일 같은 시간에 '러닝 타임!' 알람을 설정하고, 홈 화면 첫 페이지에는 달리기 앱과 음악 앱만 남겨둔다. 불필요한 알람은 모두 차단하고, 오히려 달리기를 독려하는 문구를 위젯으로 띄워두면 좋다. "Just 10 minutes", "오늘도 나만의 속도로" 같은 문장은 거창한 의지를 자극하기보다 행동의 진입 장벽을 낮춘다. 디지털 기기를 시스템의 일부로 재구성하는 것이다.

다섯째는 사회적 환경의 설계다. 사람은 혼자 있을 때보다, 누군가가 자신을 지켜본다고 느낄 때 더 꾸준해진다. 단, 이 감시는 부담이 아니라 '느슨한 연결감'이어야 한다. 나처럼 러닝 로그를 SNS에 기록하거나, 친구와 서로의 달리기 횟수를 가볍게 공유하는 것도 좋은 방법이다. 달렸다는 기록은 단순한 인증 사진이 아니라, 자기 인식의 리마인더다. '나는 달리는 사람이다'라는 정체성을 스스로에게, 그리고 타인에게 확인시키는 역할을 한다. 심리학자 앨버트 반두라가 말한 '자기효능감의 강화 루프'가 바로 이것이다. '기록 → 인식 → 반복'의 순환 구조가 형성되면, 달리기는 의지의 문제가 아닌 정체성의 문제가 된다.

여섯째는 환경 트리거^{Trigger}의 활용이다. 행동을 유도하는 신호를 의도적으로 심어두는 것이다. 아침에 이를 닦으며 창밖을 바라보면 러닝화를 꺼내는 것, 세면 후 시계를 차면 스트레칭을 시작하는 것처럼, 이미 일상에 자리 잡은 루틴에 달리기를 연결하면 자동화가 쉬워진다. 나는 세수를 마치고 화장품을 바른 뒤, 선크림으로 마무리하는 그 루틴이 러닝의 신호가 되었다. 선크림을 바르고 나면 몸이 자연스럽게 현관 쪽으로 향한다. 뇌는 이런 반복된 연결고리를 행동의 시작점으로 기억한다. 특히 소리, 냄새, 빛 같은 감각 자극은 행동 명령을 빠르게 전달한다. 단순한 동작 하나가, 뇌에게는 "이제 달릴 차례다"라는 자동신호가 되는 것이다.

또 하나 중요한 건 환경의 마찰 최소화다. 러닝을 방해하는 요소는 대부분 준비 과정의 귀찮음에서 생긴다. "밖에 나가기 귀찮다"라는 말은 곧 "준비가 번거롭다"라는 뜻이다. 그래서 나는 러닝복을 세 벌로 정해두었다. 한 벌은 세탁 중, 한 벌은 입는 중, 한 벌은 옷장에 대기 중. 늘 즉시 입을 수 있는 옷이 있으니, '옷 찾는 시간'이라

는 장애물이 사라졌다. 출근 가방에는 여분의 양말과 반바지를 항상 넣어두고, 회사 책상 서랍에는 예비 티셔츠를 넣어두었다. 이런 세세한 준비들이 순간의 귀찮음을 이긴다.

마지막으로는 복귀 환경의 세팅이다. 많은 사람이 달리기 시작보다 끝난 후의 루틴을 놓친다. 하지만 회복의 루틴이 안정되면, 다음 출발이 쉬워진다. 나는 러닝이 끝난 후 물 한 잔과 함께 짧은 메모를 남긴다. '오늘은 5km 기분 좋게 완주', '컨디션 좋음' 같은 간단한 기록이지만, 이게 나에게는 다음 날의 심리적 예열이 된다. 몸의 기억뿐 아니라 긍정적인 감정의 기억이 러닝을 이어주는 구조다. 러닝 후의 샤워 공간에 좋아하는 향의 바디워시나 푹신한 수건을 두는 것도 같은 원리다. 달리기의 끝을 기분 좋은 감각으로 마무리하면, 뇌는 그 경험 전체를 보상으로 학습한다.

이 모든 환경 설계는 하나의 목표를 향한다. 바로 결심 없이도 움직이는 시스템을 만드는 일이다.

의지는 날씨처럼 변덕스럽지만, 잘 설계된 환경은 계절처럼 예측할 수 있다. 좋은 환경은 행동을 강요하지 않고, 자연스럽게 행동으로 이끈다. 옷이 보이면 입고, 신발이 보이면 신는다. 루틴은 그렇게 만들어진다. 우리가 달리기를 지속하는 이유는 강한 정신력 때문이 아니라, 더 이상 결심할 필요가 없는 구조 덕분이다. 결국 의지는 시스템에 자리를 내주고, 환경이 그 시스템을 떠받친다. 지금부터 내 주변을 살펴보며 어떻게 해야 '움직이기 쉬운 환경'을 만들 수 있을지 고민해 보자.

흔들림 없이 평생 이어가는 매일 러닝 습관

나는 달리는 사람이다: 정체성이 습관을 완성하는 법

꾸준함의 마지막 단계는 행동의 자동화를 넘어선 '존재의 변화'다. 어느 순간부터 달리기가 '해야 할 일' 목록에서 나라는 사람을 설명하는 방식의 일부가 되면, 지속은 더 이상 의지의 문제가 아니다. 진짜 변화는 몸이 아니라 자아에서 시작된다. "나는 달리는 사람이다"라는 자기 인식이 뿌리내리는 순간, 달리기는 멈추는 것이 아니라 잠시 쉴 뿐이다.

정체성은 하루아침의 선언이 아니라, 반복된 행동이 남긴 기억의 총합으로 만들어진다. 사람은 자신이 반복적으로 하는 행동을 통해 스스로를 정의한다. 처음 몇 번은 어색한 시도지만, 수십, 수백 번이 쌓이면 그것이 곧 '나다운 모습'이 된다. 이 누적된 행동의 증거가 내면의 신념을 만들고, 그 신념이 마침내 자아를 재구성한다. 그래서 진정으로 꾸준한 사람은 당장의 목표 달성보다 '오늘도 나답게 행동했는가'라는 자기 일치감을 더 중요하게 여긴다.

이 러너 정체성의 씨앗을 심고 싹을 틔우는 가장 효과적인 방법은 의식^{Ritual}이다. 의식은 매번의 평범한 달리기를 의미 있는 행위로 격상시킨다. 나는 매일 달리기 전, 신발 끈을 묶고 나서 손으로 러닝화 앞코를 톡톡 두드린다. 누가 시킨 것도 아니고 특별한 의미가 있는 것도 아니지만, 그 단순한 동작이 내 마음의 스위치를 켠다. "이제 시작이다." 어떤 이는 출발 전 특정 음악을 듣고, 어떤 이는 손목의 시계를 누르는 순간 몰입을 시작한다. 의식은 사소해 보이지만 강력하다. 그 짧은 동작 하나가 흩어진 의식을 현재로 불러 모으고, 자동화된 루틴에 의미의 숨결을 불어넣는다.

달리는 동안에도 나만의 작은 의식을 갖는 것은 흐름을 유지하는 데 도움이 된다. 예를 들어 첫 1km는 결코 속도를 내지 않고, 몸을 깨우며 '오늘의 나와 연결되는 시간'으로 삼는다. 이때 마음속으로 '나의 속도로, 나의 리듬으로'라고 되뇐다. 이처럼 의도적으로 선택한 언어는 단순한 자기 암시를 넘어, 뇌의 행동 회로를 직접 자극하여 집중력과 감정 상태를 조율한다. 의식은 몰입 상태로 들어가는 의도적인 관문이다.

마무리 의식 또한 다음 시작을 결정짓는 중요한 열쇠다. 달리기

제임스 클리어, 『아주 작은 습관의 힘』, 이한이 옮김, 비즈니스북스, 2019.

흔들림 없이 평생 이어가는 매일 러닝 습관

를 마친 후 스트레칭을 하며, 혹은 시원한 물 한 잔을 마시며 스스로에게 짧게 속삭인다. "오늘도 해냈다. 수고했어." 이 작은 인정과 감사의 표현이 바로 뇌가 가장 좋아하는 보상이다. 찰스 두히그가 『습관의 힘』에서 강조했듯, 보상은 행동의 회로를 닫고 그 경험을 긍정적인 기억으로 저장하는 결정적인 역할을 한다. 거창한 보상은 필요 없다. 달린 후의 개운함, 샤워의 상쾌함, 가벼운 피로감 자체가 이미 훌륭한 보상이다. 그 감각을 잠시 멈춰 의식적으로 음미하는 행위만으로도, 뇌는 그 달리기를 다시 하고 싶은 경험으로 각인한다.

정체성을 더욱 단단하게 만드는 또 다른 방법은 기록과 언어화다. '나는 오늘 달렸다'는 사실을 눈에 보이는 형태로 남기는 순간, 추상적인 의지는 구체적인 현실이 된다. 나는 러닝 후 짧게 메모를 남긴다. 때로는 거리와 시간 대신, "오늘은 바람이 좋았다" 혹은 "힘들었지만 끝까지 포기하지 않았다" 같은 감정을 적는다. 이 문장들은 단순한 기록이 아니라, 달리는 나의 서사를 쌓아가는 과정이다. 누적된 기록은 나의 발자취이자, 나라는 사람의 정체성에 대한 물질적 증거가 된다. SNS 인증 역시 마찬가지다. 핵심은 타인의 인정이 아니라, 나의 행동을 스스로 목격하고 확인하는 과정 그 자체에 있다.

이런 의식과 보상, 기록의 반복은 단순히 기분 전환을 넘어, 뇌의 작동 방식을 바꾼다. 반복된 의식은 의사결정을 담당하는 전전두엽의 부담을 덜어주고, 습관 회로가 위치한 선조체의 효율을 높인다. 즉, 매번 할까 말까 에너지를 소모하며 고민하는 대신, 특정 신호(예: 러닝화)가 주어지면 뇌가 알아서 달리기 모드로 전환되는 '정체성의 자동화'가 이루어지는 것이다.

한 가지 기억해야 할 점은, 정체성은 완성된 조각상이 아니라 끊임없이 다듬는 과정이라는 사실이다. '나는 달리는 사람이다'라는 인식은 한 번의 결심으로 완성되지 않는다. 때로는 아프고, 때로는 바쁘고, 때로는 그냥 쉬고 싶다. 그러나 중요한 것은 그 흔들림 자체를 실패나 정체성의 상실로 규정하지 않는 것이다. 꾸준함이란 매일 완벽하게 달리는 상태가 아니라, 달리기를 여전히 나와 연결된 중요한 행위로 여기며 삶 속에서 그 자리를 지켜나가는 태도다.

나에게도 그런 깨달음의 순간이 있었다. 달리기에 한창 재미를 붙일 무렵, 무릎 부상으로 3주 가까이 꼼짝없이 쉬어야 했다. 처음 며칠은 강제 휴식이라 생각하며 편히 쉬었다. 하지만 시간이 길어지자 몸보다 마음이 먼저 무너졌다. 매일 아침 '오늘도 못 뛰는구나'라는 자각과 함께 깊은 무력감이 찾아왔다. 현관의 러닝화는 점점 더 낯설게 느껴졌다. 그때 절실히 깨달았다. 달리기를 멈춘다는 것은 단순히 운동 하나를 못 하게 되는 것이 아니라, 나를 지탱하던 정체성의 한 기둥이 잠시 사라지는 경험이라는 것을.

신기하게도 몸은 쉬고 있는데, 마음은 여전히 달리고 있었다. 길을 걷는 사람들의 발걸음이 유난히 눈에 들어왔고, 운동복 차림으

로 뛰어가는 사람을 보면 나도 모르게 가슴이 뛰었다. 마라톤 중계라도 보면 마음 한구석이 아릿했다. 그 감정들은 단순히 달리고 싶다는 욕망을 넘어, '나는 저들과 같은 사람인데…'라는 소속감과 정체성에 대한 갈망이었다.

마침내 부상에서 회복되어 다시 첫걸음을 내디뎠던 날, 나는 평생 그 순간을 잊지 못할 것이다. 예전보다 훨씬 느렸고 고작 몇 분이었지만, 세상을 다 얻은 듯한 기쁨과 함께 눈물이 났다. 이것은 단순히 운동을 다시 시작한 것이 아니었다. 잠시 잃어버렸던 '나 자신'을 되찾은 순간이었다. 그때 나는 알았다. 러너의 정체성은 기록이나 거리, 혹은 현재 달리고 있는지 여부로 결정되는 것이 아니라는 것을. 길 위에 있든 잠시 멈춰있든, 내 마음속에 '달리고자 하는 나'가 살아 숨 쉬는 한, 나는 이미 러너라는 것을.

그 경험 이후, 나는 설령 또다시 멈추는 날이 오더라도 두려워하지 않게 되었다. 달리기는 일직선이 아니라 파동이며, 멈춤조차 그 리듬의 일부임을 받아들였기 때문이다. 러너의 정체성은 속도나 빈도가 아니라, 움직이는 존재로 살아가려는 내면의 방향성이다. 그래서 나는 지금도 부상이나 슬럼프로 쉬고 있는 누군가를 보면 진심으로 말해주고 싶다. "괜찮습니다. 당신은 여전히 달리는 사람입니다. 다만, 잠시 숨을 고르고 있을 뿐입니다."

환경 설계가 루틴을 만들고, 그 루틴 위의 의식과 성찰이 정체성을 빚어낸다. 매일의 시작과 끝에 반복되는 작고 사소한 행동들이 쌓여 나를 '달리는 사람'으로 조각한다. 신발 끈을 묶는 순간의 짧은 몰입, 첫걸음을 내디딜 때의 의도, 마지막 숨을 고르며 건네는 자기 인정 등 이 모든 것이 내 안의 러너를 깨우고 단련시킨다. 달리기는 몸과의 싸움이 아니라 나 자신과의 관계를 깊게 만들어가는 여정이다. 오늘도 나는 신발 끈을 묶으며 마음속으로 조용히 되뇐다. "나는 달리는 사람이다." 그 한 문장이 다시, 나의 하루를 일으켜 세운다.

5장

뇌를 달래는 기술, 심리적 페이스 슬라이딩

달리기를 아무리 오래 한 사람에게도 '오늘은 정말 하기 싫다' 는 날이 어김없이 찾아온다. 몸이 유난히 무겁거나, 일정이 빡빡하거나, 혹은 아무 이유 없이 그냥 귀찮다. 이것은 결코 의지가 박약하기 때문이 아니다. 에너지를 아끼려는 뇌의 본능적인 '보존 편향 Conservation Bias' 때문이다. 몸이 조금이라도 피곤하다고 느끼면, 뇌는 즉시 '오늘은 쉬어야 생존에 유리하다'라는 강력한 신호를 보낸다. 문제는 이 신호가 실제 몸의 한계 때문이 아니라, 움직이기도 전에 느끼는 '예상 피로' 혹은 '감정적 저항'일 때가 훨씬 많다는 점이다.

진정으로 꾸준한 러너는 강철 같은 의지를 가진 사람이 아니라,

대니얼 리버먼, 『운동하는 사피엔스』, 왕수민 옮김, 프시케의숲, 2024.

바로 이 뇌의 속삭임과 현명하게 협상하는 기술을 터득한 사람이다. 그들은 자신의 몸 상태와 뇌가 보내는 신호 사이의 미묘한 차이를 감지하고, 무조건 쉬는 대신 상황에 맞게 목표와 인식을 유연하게 조절한다. 이것이 바로 '심리적 페이스 슬라이딩Psychological Pace Sliding'의 기술이다. 물리적인 속도뿐 아니라, 마음의 부담감과 기대치를 미끄러뜨리듯 조절하는 능력. 이 기술이야말로 피로와 귀찮음의 파도를 넘어 지속 가능한 달리기를 가능하게 하는 핵심 동력이다.

첫 번째 슬라이딩: '시작'의 허들을 무너뜨려라.

뇌가 가장 격렬하게 저항하는 순간은 바로 '시작 직전'이다. "오늘은 10km 뛰는 날이지…"라고 생각하는 순간, 뇌는 그 거대한 목표 앞에서 즉시 방어벽을 친다. 이때 필요한 것은 결심이 아니라, 시작점 자체를 뒤로 미끄러뜨리는(슬라이딩) 기술이다. 10km 완주 대신 '일단 옷만 입자', '신발만 신자', '딱 5분만 걷자'라고 목표를 극단적으로 축소하는 것이다. 제임스 클리어가 말한 '2분 규칙Two-Minute Rule'처럼, 시작 행위 자체를 너무 쉽게 만들어 뇌가 저항할 틈을 주지 않는 전략이다. 나 역시 몸이 천근만근인 날에는 오직 '현관문까지만 나가자'는 생각으로 움직인다. 신기하게도 일단 문밖의 공기를 마시면, 몸은 저절로 다음 단계를 향해 나아간다. 시작 전의 피로는 대부분 실체가 아닌, 뇌가 만들어낸 환상이기 때문이다.

두 번째 슬라이딩: '목표'의 무게를 덜어내라.

흔들림 없이 평생 이어가는 매일 러닝 습관

일단 움직이기 시작했다면, 다음 단계는 목표 자체를 유연하게 슬라이딩하는 것이다. 뇌는 '해야만 한다'는 압박감을 느낄 때, 그 심리적 부담을 신체적 피로로 잘못 해석하는 경향이 있다. 따라서 "오늘은 반드시 5km를 채워야 해"라는 경직된 목표 대신, "오늘은 그냥 이 길을 따라 걷거나 뛰며 연결만 하자"라는 느슨한 목표를 설정하는 것이 훨씬 효과적이다. 스포츠 심리학에서 강조하는 '자기 조절감Self-Regulation'은 바로 이 심리적 여유에서 시작된다. 몸 상태가 좋으면 자연스럽게 거리를 늘리고, 힘들면 언제든 멈추거나 걸어도 괜찮다는 선택권이 나에게 있다는 느낌. 이것이 뇌의 부담을 줄이고 지속 가능성을 높이는 핵심이다. 5km를 달리려다 힘들면, 1km는 걷고 다음 1km는 아주 천천히 뛰며 몸의 반응을 살핀다. 이것은 실패가 아니라, 상황에 맞게 페이스를 조율하는 현명한 슬라이딩이다.

세 번째 슬라이딩: '보상'을 앞당겨 귀찮음을 녹여라.

우리는 종종 '귀찮음'과 '피로'를 혼동한다. 하지만 피로는 에너지 고갈이라는 생리적 신호이고, 귀찮음은 움직여서 얻을 보상보다 지금의 편안함이 더 크게 느껴지는 감정적 저항이다. 신경학적으로 이는 도파민 시스템의 '예상 보상 신호'가 약화된 상태인 것이다. 이럴 때는 미래의 보상을 현재로 끌어와 뇌를 설득하는 슬라이딩이 필요하다. 나는 귀찮음이 밀려올 때마다 달리기를 마친 후의 가장 기분 좋은 순간을 생생하게 떠올린다. "시원한 샤워 후 마시는 물

한 잔", "땀 흘린 뒤 창문으로 들어오는 상쾌한 바람", "오늘도 해냈다는 뿌듯함". 뇌는 실제 경험뿐 아니라 상상된 보상에도 반응한다. 이 긍정적인 감각을 미리 떠올리는 것만으로도, 귀찮음이라는 감정의 무게는 눈에 띄게 가벼워진다.

네 번째 슬라이딩: '대안'을 준비하여 실패를 방지하라.

매일 완벽하게 달릴 수는 없다. 중요한 것은 완벽함이 아니라 '연결의 유지'다. 그래서 꾸준한 러너는 최상의 날을 위한 계획뿐 아니라, 최악의 날을 위한 플랜 B를 미리 준비해 둔다. 몸이 정말 무겁다고 느껴지는 날, 나는 미리 정해둔 비상 코스(3km 이내의 평지)를 택하거나, 달리기 대신 20분의 스트레칭 또는 실내 자전거를 타는 등으로 대체한다. 이것은 목표를 낮추는 것이 아니라, 상황에 맞춰 운동의 형태를 슬라이딩하는 것이다. 핵심은 어떤 형태로든 움직임의 끈을 놓지 않는다는 데 있다. 완벽하지 않아도 괜찮다. 어떻게든 연결되면, 습관의 리듬은 끊어지지 않는다.

다섯 번째 슬라이딩: '피로'의 의미를 재해석하라.

피로감은 항상 멈추라는 적신호가 아니다. 때로는 '리듬을 바꾸라'는 조언이거나, 단조로움, 스트레스, 영양 불균형에 대한 몸의 피드백일 수 있다. "아, 피곤하다"라고 단정 짓기 전에, "왜 지금 내 몸은 이런 신호를 보낼까?"라고 질문하는 습관이 필요하다. 슬로 조깅은 바로 이 질문에 답을 찾는 움직이는 명상이다. 숨이 차지 않는

속도에서는 평소에 놓쳤던 몸의 미세한 감각들이 선명하게 들려온다. '어깨가 긴장되어 있구나', '호흡이 조금 짧네', '어제 잠을 설쳤더니 다리가 무겁군'. 몸을 극복해야 할 대상이 아니라 대화하고 이해해야 할 파트너로 바라볼 때, 우리는 피로를 관리하는 지혜를 얻게 된다.

귀찮음과 피로는 달리기를 가로막는 장애물이 아니라, 나의 현재 상태를 알려주고 리듬을 조절하라고 속삭이는 안내자다. 그 목소리에 귀 기울여 때로는 시작점을 뒤로 미끄러뜨리고, 때로는 목표를 가볍게 만들며, 때로는 다른 길로 돌아가는 유연함. 이것이 바로 심리적 페이스 슬라이딩의 본질이며, 슬로 러너가 가진 가장 강력한 무기다. 오늘은 귀찮아도 괜찮다. 신발 끈을 묶는 그 작은 행위만으로도, 당신은 이미 뇌와의 협상에서 승리한 것이다.

6장

권태의 강을 건너는 법, 루틴에 리듬을 더하라

꾸준히 달리다 보면 어느 날 문득, 달리기가 예전만큼 설레지 않는 순간이 찾아온다. 처음 운동화 끈을 묶을 때의 다짐도, 출발선에서 느껴지던 미묘한 긴장감도 희미해진다. 기록은 좀처럼 나아지지 않는 것 같고, 매일 지나는 익숙한 길은 무채색 풍경처럼 느껴진다. 몸은 기계처럼 움직이지만 마음은 서서히 식어간다. 이것이 바로 '루틴 피로', 러너들이 흔히 '런태기(러닝 권태기)'라 부르는 정체의 시간이다. 꾸준함은 강력한 습관을 만들지만, 그 견고함은 때로 권태라는 그림자를 동반한다. 뇌는 예측 가능한 반복 속에서 안정을 찾지만, 우리의 감정은 때때로 예측 불가능한 새로움을 갈망하기 때문이다. 이 미묘한 균형을 유지하는 것이야말로 진정한 지속의 기술이다.

루틴 피로는 나태함의 증거가 아니다. 오히려 성실함의 이면에 가깝다. 같은 시간, 같은 코스, 같은 강도를 충실히 반복해 온 사람일수록 이 피로를 더 쉽게 만난다. 반복된 자극에 뇌의 보상 회로는 점차 둔감해지고, 더 이상 새로움을 느끼지 못하기 때문이다. 운동 생리학적으로도 이는 점진적 과부하의 원리가 멈춘 '적응의 정체Plateau' 상태다. 몸과 신경계가 현재의 자극에 완벽히 적응하여 더 이상 변화할 필요성을 느끼지 못하는 것이다. 이때 필요한 것은 의지로 더 밀어붙이는 것이 아니라, 시스템에 의도적인 '작은 흔들림(변주)'을 주는 것이다. [•]

가장 즉각적인 변주는 공간의 변화, 즉 코스를 바꾸는 것이다. 익숙한 길을 단 100m만 벗어나도, 우리의 감각은 다시 깨어난다. 달리기의 초점이 내면의 힘듦에서 외부의 풍경으로 이동하면서, 뇌는 새로운 정보를 처리하기 위해 활력을 되찾는다. 나 역시 런태기가 찾아올 때마다 의식적으로 낯선 길을 탐험한다. 늘 달리던 강변 대신 오래된 골목길을 헤매거나, 평지만 고집하던 습관을 버리고 작은 언덕을 넘기도 한다. 그럴 때면 길 위의 모든 것이 새롭다. 낯선 건물의 모양, 다른 각도에서 비치는 햇살, 처음 맡는 공기의 냄새. 뇌는 이 모든 것을 '탐색 모드'의 신호로 받아들이고, 잠자던 도파민 시스템을 다시 가동시킨다. 하버드대 뇌과학 연구팀의 보고처

• 튜더 O. 봄파·카를로 A. 부치켈리, 『스포츠 트레이닝의 주기화』, 김기홍·고성식 외 옮김, 대한미디어, 2024.

럼, 새로운 환경은 그 자체로 가장 강력한 동기 부여제다.

때로는 그 새로운 길 끝에 소소한 목적지를 설정하는 것도 훌륭한 변주가 된다. 좋아하는 카페까지 달려가 커피 한 잔을 마시고 돌아오거나, 경치 좋은 공원 벤치까지 가서 잠시 숨을 고르는 식이다. 나의 경우, 가끔 의정부 부대찌개 골목이나 한강 편의점의 라면까지 '마라닉(마라톤을 피크닉처럼) 러닝'을 감행한다. 이런 작은 목표가 생기면, 달리기는 단순한 운동을 넘어 의미 있는 여정이 된다. 루틴의 권태는 종종 목적지가 불분명할 때 더욱 깊어진다. 명확한 목적지는 발걸음에 방향을 부여하고, 그 방향성이 피로를 잊게 만든다.

시간대를 바꾸는 것 역시 익숙함에 균열을 내는 효과적인 방법이다. 매일 아침 해 뜨는 것을 보며 달렸다면, 가끔은 해 질 녘 도시의 불빛 속을 달려보는 것이다. 반대로 늘 퇴근 후 저녁에 달렸다면, 주말 아침 일찍 고요한 새벽 공기를 마시며 달려보라. 같은 길이라도 시간이라는 필터가 씌워지면 전혀 다른 감각으로 다가온다. 이것은 뇌에게 예측 불가능한 자극을 주어, 습관화된 신경 패턴에 신선한 충격을 가하는 방법이다.

루틴 피로는 종종 '기대의 함정'에서 비롯된다. 처음에는 1km를 완주한 것만으로도 기뻤지만, 어느 순간부터 기록이 단축되지 않으면 실패라고 느끼기 시작한다. 루틴이 성장을 위한 도구가 아니라, 루틴이 나를 평가하는 잣대가 되는 순간, 달리기는 즐거움 대신 의무감을 남긴다. 이 함정에서 벗어나려면, 달리기를 다시 놀이의 영역으로 되돌려야 한다.

속도와 거리라는 결과 중심의 목표에서 잠시 벗어나, "오늘은 그냥 바람 소리를 들으며 천천히 달려보자"와 같이 과정 중심의 목표로 전환하는 것이다. 느림은 경쟁심을 잠재우고, 감각을 깨우며, 권태를 치유하는 가장 단순하고도 강력한 처방이다.

장비나 음악 같은 외부 자극을 활용하는 것도 좋다. 새 신발의 쿠션감, 마음에 드는 러닝복의 색깔, 혹은 새로운 기능성 양말 하나가 의외로 큰 동기 부여가 될 수 있다. 매번 같은 플레이리스트 대신, 전혀 다른 장르의 음악을 틀어보거나 오디오북, 팟캐스트를 들어보는 것도 도움이 될 수 있다. 청각적 환경의 변화는 생각의 흐름을 바꾸고, 발걸음의 리듬에 새로운 활력을 불어넣는다.

함께 달리는 사람을 바꾸거나, 혹은 잠시 혼자 달려보는 것도 효과적이다. 늘 같은 파트너와의 익숙한 대화 대신, 새로운 러닝 크루에 참여하거나 온라인 커뮤니티의 번개 모임에 나가보라. 낯선 사람들과의 교류는 새로운 관점과 에너지를 제공한다. 반대로 늘 함께 달렸다면, 가끔은 오롯이 혼자만의 리듬에 집중하며 달려보는 것도 좋다. 꾸준함은 때로는 혼자만의 고독 속에서, 때로는 함께하는 연결 속에서 그 힘을 얻는다.

루틴 피로는 종종 완벽주의라는 가면을 쓰고 찾아온다. "오늘 컨디션이 별로니 완벽하게 뛸 수 없을 바엔 쉬는 게 낫다"는 속삭임. 하지만 달리기의 진짜 가치는 완벽한 하루가 아니라, 그럼에도 불구하고 나아가는 발걸음에 있다. 완벽함을 내려놓는 것이야말로 지속 가능성의 핵심 전략이다. 피로가 느껴지는 날에는 "오늘은 완주가 아니라, 그냥 이 길과 연결되는 것만으로 충분하다"라는 너그러운 태도가 필요하다. 연결이 끊어지지 않는 한, 루틴은 여전히 살아 숨 쉰다.

흔들림 없이 평생 이어가는 매일 러닝 습관

7장

에너지 설계의 기술: 지치지 않는 사람들의 비밀

애플의 CEO 팀 쿡은 새벽 4시에 하루를 시작한다고 알려져 있다. 그는 "아침은 내가 하루 중 가장 잘 통제할 수 있는 시간이다"라고 말한다. 그는 대부분이 잠든 고요 속에서 트레드밀 위를 달리며, 다른 사람의 요청이나 외부 사건에 휘둘리기 전에 자신의 에너지 방향과 하루의 리듬을 먼저 설계한다. 이 이야기는 꾸준함이란 단순히 일찍 일어나는 부지런함의 문제가 아니라, 자신의 에너지를 주도적으로 다스리는 '관리자의 태도'임을 시사한다. 얼마나 오래 깨어있느냐보다 중요한 것은, 깨어있는 시간 동안 에너지를 어떻게 운용하느냐다. 진정으로 꾸준한 사람은 시간을 정복하려는 사람이 아니라, 에너지의 흐름을 현명하게 관리하는 사람이다. 그들은 하루에 끌려가는 대신, 하루의 리듬을 이끌어간다.

꾸준히 달리는 사람은 단순히 체력이 강한 사람이 아니라 자신의 에너지를 이해하고, 그것을 현명하게 배분하는 사람이다. 달리기를 평생 이어가는 힘은 폭발적인 근력이 아닌, 섬세하게 조율된 리듬의 균형에서 나온다. 몸의 리듬, 하루의 리듬, 그리고 주간의 리듬. 이 세 가지 파동을 조화롭게 탈 때, 우리의 달리기는 쉽게 무너지지 않는다. 많은 이들이 꾸준함을 강인한 '의지의 영역'으로 여기지만, 실제로는 정교한 '에너지 운용의 기술'에 가깝다. 같은 훈련이라도 언제, 어떤 상태에서 수행하느냐에 따라 몸이 받아들이는 자극의 깊이와 회복의 속도가 완전히 달라지기 때문이다. 우리는 체력 단련을 넘어, 에너지 그 자체를 설계해야 한다.

우리의 하루는 생체 리듬에 의해 지배된다. 새벽에는 각성 호르몬(코르티솔)이 분비되며 몸이 서서히 깨어나고, 오후에는 심부 체온과 근육의 반응성이 최고조에 달하며, 해가 지면 휴식과 회복을 위한 모드로 전환된다. 이 자연스러운 흐름에 역행하지 않고 순응하는 것이 에너지 운용의 첫걸음이다. 핵심은 모든 시간대에 달리기를 욱여넣는 것이 아니라, 자신의 몸이 가장 활기차고 긍정적으로 반응하는 '황금 시간대'를 발견하고, 그 시간을 일관되게 지켜내는 것이다. 어떤 이는 아침의 고요 속에서 최상의 집중력을 발휘하고, 어떤 이는 하루의 스트레스를 털어내는 저녁 달리기를 통해 에너지를 재충전한다. 일단 몸이 특정 시간을 '움직임의 신호'로 기억하게 되면, 우리는 더 이상 의지력에 기대지 않고도 자연스럽게 움

직일 수 있다.

그러나 하루 단위의 균형만으로는 장기적인 지속을 보장할 수 없다. 진정한 리듬은 하루를 넘어 주간 단위로 확장될 때 비로소 완성된다. 하루의 에너지가 단기적인 파도라면, 주간의 에너지는 그 파도들이 모여 만드는 거대한 조류와 같다. 중요한 것은 매일 최고조의 컨디션을 유지하는 것이 아니라, 훈련과 회복이라는 상반된 에너지가 균형을 이루며 지속 가능한 '주기'를 만들어내는 것이다. 나는 13년 차 러너로서 주로 3일 훈련 후 1일 회복의 패턴을 따르지만, 이것은 이미 몸이 리듬에 익숙해졌기 때문이다. 달리기를 처음 시작하는 사람에게 가장 이상적인 리듬은 '격일 달리기'다. 하루는 달리고, 하루는 쉬는 이 단순한 교대 주기야말로, 몸에 과도한 부담 없이 초과회복의 원리를 가장 안전하게 적용하는 방법이다. 초보 시절에는 달리는 날보다 쉬는 날에 몸이 더 많이 성장한다는 사실을 기억해야 한다. 달리는 날에는 완벽함에 대한 욕심을 버리고, 쉬는 날에는 아무것도 하지 않았다는 죄책감을 버려야 한다. 이 명확한 리듬의 반복이 몸에 안정된 순환을 만들고, 피로가 누적되지 않고 흘러가게 한다.

에너지 관리에서 가장 중요한 변수는 러닝 그 자체보다 '삶 전체의 에너지 균형'이다. 달리기에서 느끼는 피로는 종종 달린 거리 때문이 아니라, 부족한 수면, 과도한 업무 스트레스, 불균형한 영양 섭취 같은 일상의 불균형에서 비롯된다. 나는 매일 아침 안정 시 심박수와 전날의 수면 시간을 확인한다. 평소보다 심박수가 높거나 수면이 부족했다면, 망설임 없이 그날의 달리기 강도를 낮추거나 휴식으로 전환한다. 단 하루의 기록보다 중요한 것은 일주일, 나아가한 달 전체의 지속 가능한 흐름이기 때문이다.

결국 에너지를 다루는 기술의 핵심은 '의식적인 조절'이다. 훈련일과 회복일을 명확히 구분하고, 강하게 달려야 하는 날과 부드럽게 달려야 하는 날, 그리고 완전히 쉬어야 하는 날을 의도적으로 배치하는 것이다. 이것은 속도를 조절하는 것을 넘어, 일주일이라는 한정된 에너지 예산을 전략적으로 분배하는 행위다. 어떤 날은 100 중 80의 에너지를 집중하고, 어떤 날은 30만 사용하며 회복에 집중한다. 매일 100을 쏟아붓는 것이 아니라, 이처럼 강약을 조절하는 리듬 자체가 장기적인 꾸준함을 만든다.

나는 매주 일요일 저녁, 다음 한 주의 에너지 흐름을 미리 설계한다. 캘린더를 펼치고 업무 강도, 개인 약속, 예상되는 스트레스 수준을 고려하여 달리기 일정을 전략적으로 배치한다. 회의가 몰린 날은 짧은 회복 조깅으로, 상대적으로 여유로운 날은 기분 전환을 위한 템포 런으로 채운다. 저녁 약속이 있다면 아침 일찍 달리고, 다음 날 늦잠을 잘 수 있다면 저녁 늦게라도 가볍게 달린다. 이처럼 달리기를 삶의 다른 요소들과 충돌하는 경쟁자가 아니라, 삶의 리듬을 조율하는 파트너로 만들 때 비로소 지속 가능성이 확보된다.

러닝의 지속성은 강인한 체력이 아니라, 이 '에너지 배분 능력'에

흔들림 없이 평생 이어가는 매일 러닝 습관

달려있다. 시간을 미리 확보해 두지 않으면, 그 시간은 반드시 다른 급한 일에 잠식당한다. 하루의 집중력이 한정되어 있듯, 일주일의 에너지 총량도 한정되어 있다. 따라서 나는 다른 약속보다 러닝 시간을 먼저 캘린더에 고정한다. 이것은 러닝이 단순한 취미가 아니라, 내 삶의 에너지를 관리하는 기준점이라는 선언이다. 신기하게도, 러닝이라는 중심축이 단단히 서면 다른 일상의 혼란스러움도 덩달아 정돈되는 것을 경험한다.

이렇게 미리 설계된 리듬은 점차 몸의 기억이 된다. 월요일의 상쾌한 출발, 수요일의 가벼운 조깅, 주말의 여유로운 장거리 달리기. 이 패턴이 반복되면, 몸은 다음 단계를 예측하고 준비하며 에너지 효율을 최적화한다.

달리기는 체력과의 싸움이 아니라, 에너지의 흐름을 지휘하는 운용술이다. 하루의 파도와 주간의 조류가 조화롭게 어우러질 때, 달리기는 더 이상 의무적인 운동이 아니라 내 삶 자체의 리듬이 될 것이다.

8장

나를 읽는 시간: 기록으로 습관을 완성하다

나는 한때 기록을 귀찮게 여겼다. 달리기를 끝내고 나면 그저 씻고 쉬고 싶었다. 숫자를 남기는 일이 마치 나의 노력을 의심하는 행위처럼 느껴지기도 했다. 하지만 어느 날, 3개월 전의 러닝 다이어리를 우연히 펼쳐봤다. 날짜 옆에 짧게 적힌 한 줄. '힘들었지만 끝까지 해냈다.' 그 문장을 읽는 순간, 마음속에서 조용히 무언가가 일어났다. '맞아, 그날도 힘들었는데 결국 해냈었지.' 기록은 내가 생각했던 것보다 훨씬 강력한 증거이자, 잊고 있던 나 자신과의 재회였다. 나의 변화를 가장 먼저 알아보고 기억해 주는 것은 언제나 기록이었다.

인간의 기억은 놀라울 정도로 부정확하고 감정에 쉽게 휘둘린

다. 어제 몇 분을 달렸는지, 얼마나 숨이 찼는지, 그 피로가 근육에서 온 것인지 아니면 단지 마음의 문제였는지조차 다음 날이면 가물가물해진다. 기록은 이처럼 휘발되기 쉬운 감각과 경험을 붙잡아 두는 유일한 닻이다. 달리기를 오래 할수록 우리는 종종 '감'이라는 착각에 빠진다. '요즘 컨디션이 좋은데?'라고 느끼지만 기록을 보면 수면 시간이 줄어들고 있을 수도 있고, 반대로 '왠지 몸이 무겁다'고 느껴도 기록상으로는 충분한 회복기를 가졌을 수도 있다. 기록은 바로 이 감정과 현실 사이의 간극을 메우는 정직한 번역기다.

많은 러너가 처음에는 기록을 성과의 증거로 삼는다. 몇 km를 뛰었는지, 페이스가 얼마나 단축되었는지 확인하며 즉각적인 성취감을 느낀다. 하지만 시간이 지나면서 이 숫자는 동기 부여보다 자기 검열의 잣대로 변질되기 쉽다. "지난주보다 느리면 안 돼." "이 정도로는 부족해." 바로 이때, 기록의 의미를 재설계해야 할 순간이 온다. 기록의 목적은 타인이나 과거의 나를 이기는 증명이 아니라, 오늘의 나를 더 깊이 이해하는 데 있다. 오늘의 몸이 특정 훈련에 어떻게 반응했는지, 어떤 조건에서 가장 편안했는지를 적어두는 행위는, 어제의 실수를 분석하고 내일의 계획을 현명하게 조정하기 위한 피드백 수집 과정이다.

기록은 결코 복잡할 필요가 없다. 오히려 단순할수록 강력하고 오래간다. 나는 '러닝 다이어리'에 딱 세 가지만 적으라고 권한다. 첫째, 날짜·시간·거리 같은 객관적 사실. 둘째, 몸의 주관적 감각

(예: RPE 1~10 척도, 혹은 '가벼움/무거움', '호흡 편안함/불편함' 같은 느낌). 셋째, 회복 관련 메모(예: 수면 시간, 특이 식단, 전반적인 기분 등 한 줄 요약). 이 세 가지만 꾸준히 적어도 충분하다. 예를 들어 '몸 무거움^{RPE 7}+수면 5시간'의 기록이 반복되면, 다음 주에는 수면 확보를 의식적으로 하는 것이다. 이처럼 단순한 기록은 부담 없이 반복할 수 있고, 반복된 기록만이 의미 있는 흐름을 드러낸다. 러닝 다이어리는 엄격한 훈련일지가 아니라, 나의 감각 지도를 그리는 도구다.

반복을 성장으로 바꾸는 가장 확실한 장치는 언제나 기록이었다. 달리고 잊는 사람은 같은 실수를 반복하지만, 달리고 기록하는 사람은 경험으로부터 배운다. 한 달 치 기록을 펼쳐보면 평소에는 보이지 않던 인과관계가 드러난다. "아, 수면 시간이 6시간 아래로 떨어지면 다음 날 RPE가 확실히 높아지는구나.", "스트레칭을 건너뛴 다음 날은 어김없이 종아리가 뻣뻣하네." 이러한 구체적인 깨달음이 쌓일 때, 우리의 선택은 자연스럽게 달라진다.

소설가 무라카미 하루키는 『달리기를 말할 때 내가 하고 싶은 이야기』에서 달리기를 단순한 신체 활동이 아닌 자기 인식의 실험으로 삼았다. 그는 매일 일정한 거리와 속도를 유지하며 달리는 동안, 자신의 내면과 몸의 반응을 면밀히 관찰하고 그것을 기록했다.

그에게 기록은 얼마나 달렸는가를 증명하는 숫자가 아니라, '달리는 동안 나는 어떤 상태였는가'를 성찰하는 과정이었다. "하루의 달리기 거리와 시간을 적지 않으면 마음이 불편하다"는 그의 고백

은, 기록을 의무가 아닌 자기 자신과 맺는 성실한 약속으로 여기는 태도를 보여준다. 하루키에게 꾸준함은 강철 같은 의지가 아니라, 자신을 매일 새롭게 읽어내는 섬세한 리듬의 문제였다.

그의 태도는 모든 러너에게 깊은 영감을 준다. 기록은 단순히 숫자를 아카이빙하는 행위가 아니다. 그것은 오늘의 나를 객관적으로 관찰하는 훈련이며, 어제의 나로부터 배워 내일의 나를 더 나은 방향으로 설계하는 행위다. 하루키가 달리기를 통해 글쓰기의 영감을 얻었듯, 우리도 달리기를 기록하며 '나'라는 사람에 대한 이해를 깊게 써 내려갈 수 있다. 기록은 지금의 나를 비추는 거울이자, 내가 나아갈 방향을 알려주는 지도다. 꾸준히 달린다는 것은 결국, 자신을 더 정확하고 정직하게 읽어내는 능력을 기르는 일이다.

오래 달리는 사람들은 예외 없이 자신을 꾸준히 기록한다. 그들은 기록을 과시용 트로피가 아니라 성장을 위한 연구 노트로 여긴다. 꾸준함은 기록된 시간 속에서 객관성을 얻고, 그 객관성은 우리를 착각과 자기기만으로부터 보호한다. "이 정도면 충분해"라는 안주 대신, "이번엔 이 부분이 이렇게 달라졌구나"라는 명확한 인식이 생긴다. 그 작은 인식의 차이가 지속 가능성의 거대한 차이를 만든다.

다이어리에 남는 것은 숫자가 아니라, 그 숫자 뒤에 숨겨진 나 자신과의 대화다. 달리기를 막 시작한 사람과 평생 달리는 사람의 차이는 타고난 의지의 강도가 아니라, 자신을 얼마나 자주, 그리고 깊이

돌아보느냐에 달려있다. 숫자는 달리기의 결과를 남기지만, 성찰이
담긴 기록은 그 결과의 '이유'를 남긴다. 당신이 작성한 러닝 다이어
리는 바로 그 이유를 해석하기 위한 첫 페이지가 될 것이다.

흔들림 없이 평생 이어가는 매일 러닝 습관

9장

365일 달리는 사람들의 날씨 대응 매뉴얼

폭우가 쏟아지는 도로 위를 포레스트 검프는 묵묵히 달렸다. 사람들은 그를 이해하지 못했다. 왜 하필 저런 날씨에 뛰는지, 무엇을 위해 달리는지. 하지만 그는 그저 말했다. "그냥 달리고 싶었어요." 그 장면을 처음 봤을 때, 나는 묘하게 마음이 움직였다. 바람이 불고, 비가 내리고, 눈이 쌓여도 달리는 사람. 그것은 초인적인 의지의 문제가 아니라, 어쩌면 지극히 단순한 루틴과 정체성의 문제였다. 그는 그저, '달리는 사람'이었을 뿐이다. 날씨는 객관적인 조건일 뿐, 달리기를 멈추게 하는 진짜 힘은 날씨를 핑계 삼는 우리 마음속에 있을 때가 많다.

물론, 이것이 모든 날씨를 무릅쓰고 무모하게 달려야 한다는 의미는 아니다. 나는 지난 13년간 꾸준히 달려왔고, 한때는 6년 동안 하루도 쉬지 않고 달린 적도 있다. 때로는 몸이 따라주지 않아도, 마음만은 늘 출발선 앞에 있었다. 소나기가 예보된 날에도, 눈 덮인 아침에도 달렸지만, 그것은 무모함이 아니라 '대비된 자신감'이었다. 어떤 날씨든 '그럼에도 불구하고' 달릴 수 있는 나만의 방법을 찾아내는 것, 그것이 러너의 체력을 넘어 심리적 내구도를 만든다.

날씨를 이긴다는 것은 자연과 싸우는 것이 아니라, 주어진 조건 속에서 최적의 방법을 찾아내는 지혜다. 비가 오면 방수 기능보다 통기성이 좋은 옷을 입고, 추울 땐 두꺼운 옷 하나보다 얇은 옷 여러 겹을 껴입는다. 바람이 강하면 맞바람 구간을 짧게 하고, 더울 땐 해가 뜨기 전에 나선다. 핵심 질문은 "오늘 뛸 수 있을까?"가 아니라, "오늘의 조건에서 어떻게 안전하고 현명하게 달릴 것인가?"이다. 러너는 환경을 선택할 수 없지만, 대응 방식은 언제나 선택할 수 있다.

1. 더위 대응: 생존이 우선이다

여름 달리기의 제1원칙은 '생존'이다. 기록 단축은 가을로 미루고, 몸이 더위에 순응하도록 돕는 데 집중해야 한다.

- **시간 선택:** 해 뜨기 전(5~7시)이나 해 진 후(20시 이후)가 최적이다.
- **복장:** 밝은 색, 통풍이 잘되는 기능성 소재(면은 제외)가 필수다. 땀 흡수/배출 능력이 핵심.

- **모자:** 통기성 좋은 러닝 캡으로 직사광선을 막되, 열은 배출시켜야 한다.

- **페이스 조절:** 평소보다 의식적으로 속도를 10~15% 낮춘다. 심박수가 쉽게 오르므로, RPE(자각 운동 강도) 기준으로 조절한다.

- **수분 보충:** 목마름을 느끼기 전에, 15~20분마다 100~150ml씩 미리 마신다.

- **전해질 보충:** 1시간 이상 달릴 경우, 물만으로는 부족하다. 스포츠음료나 전해질 보충제를 준비한다.

- **쿨링:** 찬물로 적신 스펀지나 쿨타월로 목덜미, 손목을 식혀주면 도움이 된다.

- **경고 신호 인지:** 어지러움, 메스꺼움, 두통 등 열사병 초기 증상이 느껴지면 즉시 중단하고 서늘한 곳에서 쉬어야 한다. 여름 달리기는 중단하는 용기 또한 훈련의 일부다.

2. 추위 대응: 보온보다 온도 변화 관리

겨울 달리기의 함정은 '과도한 보온'이다. 땀이 식으며 발생하는 저체온증이 더 위험하다.

- **복장 기준:** 출발 시 '약간 서늘하다' 느낄 정도가 적절하다. (외부 온도 +10℃ 법칙)

- **레이어링:** 기능성 베이스레이어+(필요시) 미드레이어+방풍/

발수 기능의 아우터. 3겹이면 대부분 충분하다. 벗기 쉬운 구
조가 좋다.

- **말단 보호:** 모자(또는 헤어밴드), 넥워머, 장갑은 필수다. 체열
  손실의 상당 부분이 이곳에서 일어난다.
- **소재:** 땀을 흡수하는 면 대신, 속건성 합성섬유나 울 소재를
  선택한다.
- **준비 운동:** 실내에서 5~10분간 가벼운 동적 스트레칭으로 심
  부 체온을 미리 올린다. 찬 공기에 바로 노출되지 않도록 주의.
- **방풍:** 바람이 강한 날엔 통기성이 있는 방풍 재킷을 활용한다.
  완전 방수는 땀 배출을 막는다.
- **발 보호:** 두꺼운 양말 하나보다, 얇은 기능성 양말 두 겹이 나
  을 수 있다. 신발이 너무 꽉 끼지 않도록 주의한다.
- **마무리:** 땀에 젖은 옷을 입고 오래 있지 않는다. 실내에 들어
  오면 최대한 빨리 옷을 갈아입고 따뜻한 물로 샤워한다.

3. 비 대응: 두려움 대신 장비를 믿어라

비 오는 날의 차분한 공기와 리듬은 오히려 집중력을 높여준다.
단, 안전 장비는 필수다.

- **재킷:** 완전 방수보다 '발수' 기능과 '통기성'을 겸비한 경량 재
  킷이 효과적이다. 땀 배출이 더 중요하다.
- **모자:** 챙이 있는 모자는 빗물이 눈으로 들어오는 것을 막아 시

야 확보와 호흡 안정에 필수적이다.

- **신발 관리:** 젖은 신발은 신문지나 슈트리로 내부 습기를 제거하고 통풍이 잘되는 그늘에서 완전히 말린다. 드라이기로 말리는 것은 신발의 변형이나 내구도에 영향을 줄 수 있기 때문에 추천하지 않는다.
- **안전:** 번개가 치거나 폭우가 쏟아질 때는 과감히 실내 운동으로 대체한다. 낙뢰는 치명적이다.
- **미끄럼 주의:** 젖은 노면, 맨홀 뚜껑, 낙엽 등을 주의하며 평소보다 보폭을 약간 줄인다.
- **마음가짐:** 어차피 젖을 것이라는 사실을 받아들이면, 빗소리는 경쾌한 배경음악이 된다.

4. 바람 대응: 저항을 훈련 파트너로 삼아라

바람은 러너의 가장 큰 적이자, 때로는 최고의 스피드 훈련 파트너가 될 수 있다.

- **코스 설계:** 가능하면 출발 시 맞바람, 복귀 시 순풍이 되도록 코스를 계획한다.
- **맞바람 구간:** 상체를 살짝 숙이고 보폭을 줄여 저항을 최소화한다. 페이스 유지보다 심박수나 운동 강도를 유지하는 데 집중한다.
- **순풍 구간:** 바람을 이용하여 의식적으로 케이던스를 높이거나

속도를 내보는 스피드 훈련 기회로 삼을 수 있다.

- **체온 유지:** 바람은 체감 온도를 급격히 떨어뜨린다. 얇은 방풍 재킷이나 베스트를 활용한다.
- **모자/헤드밴드:** 바람에 모자가 날아가지 않도록 잘 고정하거나, 헤드밴드로 귀와 이마를 보호한다.
- **안전:** 강풍이 부는 날에는 낙하물 위험이 없는 개방된 장소나 강변 등을 택한다. 위험하다고 판단되면 실내 운동으로 전환한다.

5. 계절별 전략: 자연의 리듬에 순응하라

몸은 계절의 변화에 따라 다른 준비를 요구한다.

- **봄:** 일교차에 대비한 레이어링 필수. 겨울 동안 잃었던 야외 러닝 감각 회복에 집중한다. 미세먼지 예보도 꼭 확인한다.
- **여름:** 더위에 대한 '순응 훈련' 기간. 기록 욕심 버리고, 수분 보충과 체온 관리에 집중한다.
- **가을:** 달리기 최적의 계절. 습도와 기온이 안정되어 기록 향상을 노려볼 만하다. 대회에 참가해 보는 것도 추천한다.
- **겨울:** 기초 체력 유지 기간. 무리한 거리 증가보다 주 3회 이상의 꾸준한 리듬 유지에 집중한다.
- **환절기:** 면역력이 떨어지기 쉬우므로, 훈련 강도 조절 및 충분한 휴식 확보. 장비 점검을 필수로 한다.

폭우, 폭염, 한파, 태풍 등 정말 달릴 수 없는 날씨에도 루틴을 유지하는 비결은 자동화된 '플랜 B'에 있다.

- **실내 대체:** 트레드밀(경사 1% 설정), 실내 자전거, 스텝밀 등을 미리 준비해 둔다.
- **보강 운동:** 코어 운동, 근력 운동, 요가 등 러닝에 도움이 되는 실내 운동 루틴을 정해둔다.
- **준비의 날:** 신발 세척, 다음 주 코스 계획, 러닝 관련 영상 시청 등 달리기의 연장선에 있는 활동으로 대체한다.
- **자동 전환 규칙:** '비 오면 트레드밀 30분', '미세먼지 심하면 코어 운동 20분'처럼 명확한 대체 규칙을 만들어두면, 날씨 때문에 고민하는 시간이 사라진다.

날씨는 러너의 적이 아니라, 다양한 환경에 적응하는 법을 가르쳐주는 스승이다. 눈밭을 밟는 소리의 차이, 비 갠 뒤 공기의 냄새, 여름밤의 뜨거운 바람, 겨울 새벽의 차가운 숨결. 그 모든 감각의 변화야말로 계절 러닝이 주는 값진 선물이다. 날씨를 이기려 하지 않고 그 속을 통과하는 법을 배울 때, 우리는 비로소 어떤 조건에서도 멈추지 않는 진정한 러너가 된다.

10장

움직이는 뇌, 고요한 생각: 달리기가 창의성을 깨우는 원리

나는 지난 6년간 매일 달리며 러닝 유튜브 채널을 운영해 왔다. 놀랍게도, 내가 만든 콘텐츠 아이디어의 상당수는 바로 길 위에서 태어났다. 회의실에서는 막막했던 주제가 강변을 달리던 중 불현듯 명료해졌고, 영상의 첫 문장이나 핵심 메시지 역시 달리는 발걸음 속에서 완성되곤 했다. 억지로 쥐어짜도 떠오르지 않던 해결의 실마리가, 규칙적인 호흡과 함께 문득 떠오르는 순간들. 그것은 마치 멈춰 있던 생각의 강물이 몸의 움직임에 맞춰 다시 흘러가기 시작하는 감각이었다. 달리기는 내게 단순한 운동이 아니라, 가장 강력한 창의성의 발원지였다.

달리기를 오래 하다 보면 누구나 비슷한 경험을 한다. 몸은 분명 앞으로 나아가는데, 머릿속은 오히려 텅 빈 듯 고요해진다. 하지만

그 고요함 속에서, 복잡하게 얽혀있던 생각의 실타래가 스르르 풀리고 해결되지 않던 문제의 본질이 모습을 드러낸다. 멈춰 있을 때의 뇌가 문제를 날카롭게 분석하려 애쓴다면, 달리는 동안의 뇌는 문제와의 거리를 확보하고 그것을 전체적인 흐름 속에서 조망한다. 논리적 사고의 스위치가 잠시 꺼지고, 대신 직관과 통찰의 회로가 깨어나는 순간이다. 사람들은 "달리면 잡생각이 사라진다"고 말하지만, 더 정확히는 생각이 멈추는 것이 아니라 다른 방식으로 생각하기 시작하는 것이다.

최근 뇌과학 연구는 이 현상을 '디폴트 모드 네트워크^{Default Mode Network, DMN}'의 활성화로 설명한다. DMN은 우리가 특정 과제에 집중하지 않고 멍하니 있거나 자유롭게 연상할 때 활성화되는 뇌 영역들의 연결망이다. 흥미롭게도 이 DMN은 가만히 앉아있을 때보다 걷거나 달리는 것처럼 리드미컬하고 자동화된 움직임을 할 때 더욱 활발해진다. 스탠퍼드 대학의 오페조와 슈워츠의 연구에서는, 걷기만으로도 창의적 발산 사고 능력이 평균 60% 향상되었다고 보고했다. 규칙적인 움직임이 뇌로 가는 혈류와 산소 공급량을 늘리고, 과도한 의식적 통제(전전두엽의 개입)를 잠시 완화시켜 뇌가 자유롭게 과거의 기억과 미래의 가능성을 연결하도록 돕기 때문이다. 달리는 중에 떠오르는 기발한 아이디어가 마치 '계시'처럼 느껴지는 이유다.[*]

[*] Marily Oppezzo and Daniel L. Schwartz, "Give Your Ideas Some Legs: The Positive Effect of Walking on Creative Thinking," J Exp Psychol Learn Mem Cogn 40, no. 4 (2014): 1142–52.

이 강력한 '움직이는 사유'의 힘을 일상에서 의도적으로 활용하는 나만의 방법이 있다. 나는 이를 '러너의 사고 루틴'이라 부른다.

첫째, '질문 설정 루틴'이다. 달리기 시작 전, 오늘 길 위에서 마주하고 싶은 단 하나의 질문을 마음속에 정한다. 너무 거창할 필요 없다. "요즘 나를 가장 불안하게 하는 것은 무엇인가?", "이 프로젝트를 성공시킬 핵심 열쇠는 어디에 있을까?" 같은 명료한 질문 하나면 충분하다.

둘째, '의도적 흘려보내기 루틴'이다. 달리기를 시작하면, 그 질문을 억지로 붙잡고 답을 찾으려 애쓰지 않는다. 마치 강물에 종이배를 띄우듯, 그 질문을 의식의 표면에 가볍게 올려놓고 그저 달리는 감각 자체에 집중한다. 발이 땅에 닿는 느낌, 스쳐 지나가는 바람, 규칙적인 호흡. 몸의 리듬에 몰입하는 동안, 질문은 배경음악처럼 무의식 속을 부유한다.

셋째, '기록 확보 루틴'이다. 달리기가 끝난 직후, 땀이 식기 전에 스마트폰 메모 앱을 열어 그 시간 동안 떠올랐던 생각의 조각들을 키워드나 단문 형태로 붙잡아 둔다. 완벽한 문장이 아니어도 좋다. "피크닉 같은 달리기", "연결의 중요성", "결국은 꾸준함" 같은 핵심 단어만이라도 기록해 두는 것이 중요하다. 움직임 속에서 태어난 생각은 휘발성이 강하기 때문에, 즉시 붙잡지 않으면 순식간에 사

흔들림 없이 평생 이어가는 매일 러닝 습관

라져 버린다. 나는 이 기록을 '오늘의 문장'이라 부르며 몇 년간 모아왔고, 이것들은 내 콘텐츠와 삶의 방향을 결정하는 소중한 나침반이 되었다.

넷째, '결정 응용 루틴'이다. 중요한 선택을 앞두고 있을 때, 나는 의도적으로 길 위에 선다. 여러 선택지를 머릿속에 넣고 달리다 보면, 복잡한 이해관계나 감정적 소음이 잦아들고 내 마음이 진정으로 원하는 방향이 선명하게 드러난다. 이것은 단순한 심리적 안정이 아니다. 규칙적인 유산소 운동은 의사결정과 자기 통제를 관장하는 전두엽의 기능을 최적화하여, 충동적이고 감정적인 판단 대신 장기적인 관점에서의 균형 잡힌 결정을 내리도록 돕는다. 달리기는 때로 가장 명료한 컨설턴트가 되어준다.

빠른 러닝과 슬로 조깅은 사고의 질감 또한 다르게 만든다. 빠르게 달릴 때는 즉각적인 판단과 반응(예: 장애물 회피)이 중요해지지만, 느리게 달릴 때는 외부가 아닌 내면을 향한 관찰이 가능해진다. "오늘은 왜 유난히 다리가 무겁지?", "호흡이 평소보다 편안한 이유는 뭘까?" 이처럼 속도를 늦추고 몸의 미세한 신호에 귀 기울이는 과정 자체가 이미 깊은 사유 훈련이다.

러닝 후 찾아오는 정신적 명료함은 단지 근육이 풀렸기 때문만은 아니다. 머릿속의 무질서했던 정보들이 달리기의 리듬 속에서 재배열되었기 때문이다. 달리기는 마치 흐트러진 서랍을 정리하듯,

불필요한 걱정과 과도한 정보는 덜어내고 정말 중요한 생각의 줄기만 남긴다. 그래서 달리고 나면 어떤 결론에 도달하지 않았더라도 마음이 가볍고 명료해지는 것이다. 이것은 움직임을 통한 명상, 즉 '동적 명상 Dynamic Meditation'의 효과다. 하루의 소음을 씻어내고, 다음 단계를 위한 깨끗한 생각의 공간을 마련하는 가장 단순하고도 강력한 방법이다.

달리기를 계속하는 사람은 멈춰서 고민하는 사람이 아니라 '움직이며 길을 찾는 사람'이 된다. 멈춰 있는 사고는 종종 같은 자리를 맴돌지만, 달리는 사고는 풍경의 변화와 함께 끊임없이 새로운 관점을 발견한다. 꾸준히 달린다는 것은 몸의 근육뿐 아니라 생각의 근육을 꾸준히 사용한다는 의미다. 달리기는 정답을 찾는 시간이 아니라, 질문 자체를 새롭게 정의하는 시간이다.

달리며 생각한다는 것은 문제의 '해결책'을 찾는 행위일 뿐 아니라, 문제를 바라보는 '나의 관점'을 바꾸는 일이다. 멈춰 있을 땐 "왜 나에게 이런 문제가 생겼을까?"라고 묻던 것이, 달리는 동안에는 "이 문제를 통해 나는 무엇을 배울 수 있을까?"라는 질문으로 자연스럽게 전환된다. 세상은 그대로지만, 세상을 담는 나의 그릇이 넓어지는 것이다. 그 미세한 관점의 변화가 하루의 선택을 바꾸고, 마침내 삶의 방향을 바꾼다.

Part 6

노화와 삶의 변수를 이기는

평생 러닝 전략

1장

몸의 속도계를 읽는 기술: 평생 엔진 존2 관리법

몸은 완벽한 악기다. 문제는 대부분의 우리가 그 악기가 내는 소리의 의미를 읽어내지 못한다는 것이다. 평생에 걸쳐 달리기를 지속한다는 것은, 이 섬세한 악기의 조율법을 배우는 여정이다. 어느 현은 팽팽하게 당겨야 하고(고강도 훈련), 어느 현은 느슨하게 풀어주어야 하며(회복), 대부분의 시간에는 가장 조화로운 울림을 내는 최적의 장력(존2)을 찾아 유지해야 한다.

우리는 이미 앞선 장들을 통해 존2 강도가 무엇인지 배우고, 그것이 왜 우리 몸의 지속 가능성 엔진을 만드는 최적의 환경인지 그 과학적 원리를 이해했다. 하지만 이론을 아는 것과 그것을 변화무쌍한 삶 속에서 평생토록 운영하는 것은 전혀 다른 차원의 문제다.

나이가 들고, 계절이 바뀌고, 예상치 못한 스트레스가 찾아오는 현실 속에서 어떻게 이 최적의 리듬을 놓치지 않고 유지할 수 있을까? PART 6의 문을 여는 이 장에서는, 바로 이 존2를 매일 달라지는 내 몸과 삶의 변수에 맞춰 섬세하게 조율해 나가는 '평생 관리 전략'의 관점에서 다시 바라보고자 한다. 나에게 존2는 단순한 숫자가 아니라, 매일 아침 악기의 상태를 점검하고 그날의 최적 음정을 맞추는 조율기와 같았다. 달리기의 지속성은 폭발적인 힘이 아니라, 이 조율의 섬세함과 꾸준함에 달려있다.

존2는 그래서 단순한 숫자를 넘어선 의미를 지닌다. 그것은 바로 내 몸의 현재 상태를 가장 정직하게 보여주는 '생체 속도계^{Bio-Speedometer}'다. 자동차 계기판의 바늘이 엔진 상태와 외부 저항에 따라 움직이듯, 존2라는 감각의 바늘은 그날의 컨디션, 피로도, 스트레스 수준을 종합적으로 반영하며 끊임없이 흔들린다. 이 장에서 다루려는 것은 바로 이 속도계의 눈금을 읽고 해석하는 법, 즉 나만의 존2 영역을 관리하고 조율하는 기술이다. 이 기술이야말로 변화하는 삶의 변수 속에서도 흔들림 없이 평생의 달리기 리듬을 이어가는 핵심 동력이다.

왜 존2가 평생 러닝의 핵심인가? 다시 한번 강조하자면, 이 강도 구간은 우리 몸의 '지속 가능성 엔진'을 만드는 최적의 환경이기 때문이다. 최대 지방 연소 효율 지점이자, 피로물질(젖산) 생성과 제거가 균형을 이루는 지점이며, 세포의 에너지 공장인 미토콘드리아의 양

227

과 질을 동시에 향상시키는 가장 효과적인 자극 구간이다. 즉, 존2는 단순히 '편안하게 달리는 구간'이 아니라, 우리 몸을 지치지 않고 오래 움직이는 고효율 시스템으로 재설계하는 가장 중요한 열쇠다.

하지만 이 중요한 존2는 결코 고정된 숫자가 아니다. 어제의 존2가 오늘의 존2가 아닐 수 있다. 수면의 질, 전날의 활동량, 식단, 날씨, 심리 상태, 그리고 나이라는 변수가 매일같이 이 섬세한 속도계의 눈금을 미세하게 움직인다. 따라서 진정한 러너에게 필요한 것은 '나의 존2는 심박수 ○○○이다'라고 정의하는 것이 아니라, 매일 아침 새롭게 '오늘 나의 존2는 어디쯤인가?'를 감각적으로 탐색하고 조율하는 능력이다.

나 역시 이 진실을 깨닫는 데 오랜 시간이 걸렸다. 한때는 심박계를 맹신했다. 시계가 130bpm을 가리키면 기계적으로 '지금 존2 상태군'이라고 안심했다. 하지만 혹독한 여름날의 130bpm과 상쾌한 가을날의 130bpm 아래에서 내 몸이 느끼는 부담감은 하늘과 땅 차이였다. 습도와 기온은 심박수를 왜곡했고, 누적된 피로는 같은 심박수에서도 호흡을 훨씬 더 거칠게 만들었다. 결국 진짜 기준은 손목 위의 숫자가 아니라, 내 몸 안에서 울리는 감각의 소리였다. 나의 존2는 고정된 영역이 아니라, 매일 다시 찾아야 하는 살아있는 리듬이었다.

이제 나는 매일 아침, 네 개의 조율 다이얼을 통해 나의 존2 속도계를 재조정한다.

첫째는 외부 환경 다이얼이다. 오늘의 날씨는 어떠한가? 기온과 습도는 심박수에 즉각적인 영향을 미친다. 더운 날에는 평소보다 5~10bpm 높게 반응하므로, 같은 심박수를 유지하려면 페이스를 낮춰야 한다. 반대로 추운 날에는 근육과 혈관이 수축되어 있으므로, 10분 이상의 충분한 워밍업으로 몸을 예열한 후에야 비로소 안정적인 존2 리듬을 찾을 수 있다. 계절이 바뀔 때마다 존2의 '체감 속도'는 옷처럼 달라져야 한다.

둘째는 내부 회복 다이얼이다. 어젯밤 잘 잤는가? 몸은 가벼운가? 수면 부족이나 누적된 근육 피로는 존2의 문턱을 높인다. 평소라면 편안했을 속도에서도 숨이 가빠오거나 다리가 무겁게 느껴진다. 이때 중요한 것은 이겨내려는 의지가 아니라 '솔직하게 인정하는 관찰'이다. 이런 날의 존2는 평소보다 낮은 속도에 존재한다. 무리해서 기존의 속도를 고집하는 대신, 호흡이 편안해지는 지점까지 페이스를 과감히 낮추고 거리를 줄이는 용기가 필요하다. 존2는 몸이 보내는 미세한 속삭임을 가장 먼저 감지하는 안테나다.

셋째는 시간의 흐름 다이얼이다. 나의 생체 시계는 지금 몇 시인가? 일반적으로 최대 심박수는 나이가 들면서 점진적으로 감소한다. 하지만 이는 단순히 노화로 인한 능력 저하가 아니라, 경험과 효율성 증가로 인한 자연스러운 조율 과정일 수 있다. 실제로 숙련된 고령의 러너들은 절대적인 심박수보다, 운동 후 심박수가 얼

마나 빨리 안정되는지(심박 회복 속도)를 더 중요한 지표로 삼는다. 달리기를 마친 후, 가쁜 숨이 고른 호흡으로 돌아오는 데 걸리는 시간. 그것이 바로 외부 나이가 아닌, 내 몸의 진짜 '기능적 나이'를 보여주는 증거다.

네 번째 다이얼은 마음 상태 다이얼이다. 오늘은 평온한가, 아니면 불안한가? 마음의 동요는 심박수 변화보다 더 즉각적으로 몸의 감각을 바꾼다. 중요한 발표를 앞둔 날이나 스트레스가 심한 날에는, 평소와 같은 페이스에서도 몸이 유난히 무겁고 숨쉬기가 답답하게 느껴질 수 있다. 이때 필요한 것은 속도를 억지로 올리는 것이 아니라, 호흡을 더 깊고 길게 가져가며 마음의 속도를 먼저 늦추는 것이다. 러닝은 때로 감정을 해소하는 도구이지만, 동시에 감정 상태를 비추는 거울이기도 하다. 심박을 안정시키는 가장 빠른 길은 종종, 내 안의 불안을 먼저 다독이는 데 있다.

이 네 가지 다이얼을 매일 점검하며, 나는 오늘의 존2를 새롭게 탐색한다. 때로는 '존2 점검 주간'을 두어, 며칠간 의도적으로 시계의 숫자와 몸의 감각을 교차 확인한다. 심박수 기준으로 달려보고, 다음 날은 오직 '옆 사람과 대화할 수 있는 정도'의 호흡 기준으로 달려본다. 이 비교 과정을 통해 나는 숫자의 함정에서 벗어나, 내 몸이 진정으로 편안하고 지속 가능한 상태를 느끼는 지점을 다시 확인한다. 존2는 외부에 기록된 수치가 아니라, 내 안에 살아 숨 쉬는 감각이기 때문이다.

어느 무더운 여름날, 강변을 달리다 심박수가 160bpm까지 치솟는 것을 보았다. 예전 같았으면 당황하며 즉시 멈췄을 것이다. 하지만 그날 나는 속도를 급격히 줄이는 대신, 호흡을 의식적으로 깊고 느리게 조절하며 페이스를 아주 미세하게만 늦췄다. 잠시 후, 거칠었던 숨이 가라앉고 심장의 박동이 다시 안정된 리듬을 찾는 것을 느꼈다. 그때 깨달았다. 달리기는 몸을 엄격하게 통제하는 행위가 아니라, 변화하는 조건 속에서 끊임없이 조율하고 화해하는 과정이라는 것을. 몸은 생각보다 훨씬 지혜롭다. 우리가 그 미세한 신호에 귀 기울이고 반응할 준비만 되어 있다면 말이다.

이제 나는 달리기를 기록 경신을 위한 훈련이 아니라 매일 달라지는 나와 조화롭게 살아가는 연습으로 여긴다. 오늘의 컨디션, 계절의 변화, 마음의 무게에 맞춰 기꺼이 속도를 늦추거나 높일 수 있는 유연함. 그것이야말로 평생 러너가 가져야 할 가장 중요한 자세다. 기록은 때로 정체되거나 후퇴할 수 있지만, 그 과정을 통해 우리는 자신의 몸을 더 깊이 이해하게 된다. 존2를 관리한다는 것은 결국, 끊임없이 변하는 나 자신과 매일 새롭게 균형점을 찾아가는 연습이다.

2장

플랜 A/B/C
다이내믹 설계법

루틴을 흔들림 없이 지켜내는 힘보다 더 중요한 것은, 예상치 못한 변화 앞에서 유연하게 대응하는 감각이다. 나 역시 한때 '주 4회, 매번 10km 이상'이라는 스스로 만든 원칙에 갇혀있었다. 하지만 현실의 삶은 결코 계획대로 흘러가지 않았다. 야근으로 시간이 부족했고, 갑작스러운 약속이 생겼으며, 때로는 아무 이유 없이 몸이 돌덩이처럼 무거웠다. 계획을 지키지 못한 날이면 어김없이 "오늘은 실패했다"는 자책감이 뒤따랐다. 돌이켜보면, 나를 진짜 지치게 만든 것은 달리기 자체가 아니라, 쉼조차 허락하지 않았던 완벽주의의 무게였다.

이제 나는 달리기를 그렇게 대하지 않는다. 계획이 틀어져도 마음이 요동치지 않고, 하루쯤 쉬어가도 전체 리듬이 끊어졌다고 생각하지 않는다. 역설적으로, 이 '계획된 여유'를 허락하자 나는 오히려 더 자주, 더 가볍게 달리게 되었다. 횟수는 늘었지만 부담감은 줄었고, 꾸준함이란 억지로 붙잡는 경직된 상태가 아니라, 삶의 흐름에 자연스럽게 스며드는 유연한 상태임을 깨달았다.

오랜 시간 길 위에서 배운 단 하나의 진실은 이것이었다. 지속 가능성은 단단하게 세운 계획의 철옹성에서 나오는 것이 아니라, 예측 불가능한 변수를 기꺼이 끌어안는 부드러운 흐름 속에서 완성된다는 것. 계획은 돌처럼 고정시키는 것이 아니라, 강물처럼 유연해야 했다. 그래서 나는 나만의 '플랜 A/B/C 시스템'을 만들었다. 매주 달라지는 상황에 맞춰 달리기 계획을 역동적으로 조정하면서도, 장기적인 성장의 방향성은 잃지 않기 위한 나침반이다.

많은 러너가 "나는 월/수/금 저녁에 8km씩 달린다"와 같은 고정된 패턴을 설정한다. 이러한 규칙성은 처음 습관을 형성하는 데 분명 도움이 된다. 하지만 시간이 지나면서 이 견고한 틀이 오히려 스스로를 옭아매는 족쇄가 되기 쉽다. 단 하루의 예외가 전체 루틴을 포기하게 만드는 도화선이 되고, 몸이 보내는 피로 신호를 무시하게 만드는 원인이 된다. 우리 몸은 매일 미세하게 다른 언어로 말을 건다. 그 변화를 존중하지 않는 계획은 결코 오래 지속될 수 없다.

그래서 나는 매주, 나의 주간 계획을 세 가지 버전으로 준비한다.

● 플랜 A (성장 주간)

이상적인 최상의 시나리오. 몸의 컨디션이 좋고, 시간적 여유가 충분하며, 날씨까지 도와주는 주간에 적용한다. 평소 루틴을 기본으로 하되, 의도적으로 강도를 10~15% 높여 성장을 위한 새로운 자극을 준다(예: 주 1회 인터벌 추가, 주말 장거리 2~3km 연장). 모든 조건이 완벽할 때, 우리는 성장의 한계를 밀어 올릴 기회를 잡는다.

● 플랜 B (유지 주간)

현실적인 표준 시나리오. 대부분의 주는 이 플랜 B의 범주에 속한다. 약간의 피로나 예상치 못한 일정이 발생하더라도, 기존의 달리기 횟수와 기본적인 틀은 유지하되, 강도나 거리를 10~20% 정도 유연하게 조절한다(예: 인터벌 대신 템포 런으로 변경, 10km 계획을 7~8km로 단축). 핵심은 완벽한 수행이 아니라, 어떤 형태로든 '연결의 끈'을 놓지 않는 것이다.

● 플랜 C (회복 주간)

재충전을 위한 최소한의 시나리오. 몸이 명확한 피로 신호를 보내거나, 업무나 개인적인 일로 도저히 시간을 내기 어려운 주간에 선택한다. 완전한 휴식보다는 '적극적인 회복'에 집중하여, 몸의 리듬이 완전히 끊어지는 것을 막는다(예: 주 2~3회 짧은(20~30분) 슬로 조깅, 걷기, 스트레칭, 폼롤링, 요가 등). 이것은 후퇴가 아니라, 다음 도약을 위한 전략적인 숨 고르기다.

이 세 가지 플랜은 단순히 계획의 대안 목록이 아니다. 이것은 몸의 상태, 마음의 에너지, 외부 환경이라는 세 축을 종합적으로 고려하여 매주 최적의 균형점을 찾아가는 '동적 조율 시스템'이다. 중요한 것은 이번 주가 A/B/C 중 어디에 속하든, 다음 주로 자연스럽게 연결될 수 있다는 믿음이다. A에서 B로, 혹은 B에서 C로, 때로는 C에서 다시 B로 유연하게 이동할 수 있다면, 우리의 달리기는 절대 무너지지 않는다.

실제 적용할 때는 요일별 거리나 시간을 엄격하게 정하기보다, 주간 전체의 에너지 흐름을 기준으로 설계하는 것이 더 효과적이다. 나는 보통 한 주를 [회복 → 순응 → 자극]의 세 구간으로 나눈다.

월/화는 주말의 피로를 해소하고 새로운 주를 시작하는 '회복' 구간이다. 60분 이내의 가벼운 슬로 조깅(초보자는 30분)으로 몸을 부드럽게 깨운다. 속도보다는 편안한 호흡을 되찾는 것이 목표다.

수/목/금은 몸이 안정되고 일상의 리듬에 적응하는 '순응' 구간이다. 중간 강도의 달리기를 통해 심폐 지구력과 근력을 유지하는 데 집중한다.

토/일은 시간적 여유를 활용하여 새로운 '자극'을 주는 구간이다. 장거리 달리기를 하거나, 평소와 다른 코스를 탐험하며 변화를 시도한다. 단, 이 구간이야말로 플랜 A/B/C의 유연한 적용이 가장 빛을 발하는 때다. 피로가 누적되었다면 과감히 플랜 C(회복)로 전환하는 결단이 필요하다.

매주 일요일 저녁, 나는 지난 한 주를 짧게 돌아본다. "이번 주

는 A/B/C 중 어떤 패턴에 가까웠나? 몸의 반응은 어땠는가?” 이 짧은 성찰의 시간이 다음 주의 계획을 위한 가장 정확한 나침반이 되어준다. 훈련 기록은 점차 딱딱한 데이터가 아니라, 나의 몸과 나눈 대화의 기록으로 변해간다.

계획이 흔들릴 때 진짜 위험한 것은 훈련량의 부족이 아니라, 마음의 리듬이 깨지는 것이다. 하루를 놓쳤다는 죄책감은 다음 날의 시작을 두 배로 무겁게 만든다. 그래서 나는 플랜 C 외에도, 정말 예상치 못한 상황이 생겼을 때를 대비해 ‘최소 연결 세션Minimum Connection Session’을 정해두었다. 도저히 시간이 없을 때는 단 15분이라도 아주 천천히 달리거나, 엘리베이터 대신 계단을 오르거나, 자기 전 10분 스트레칭이라도 한다. 그 짧은 연결고리 하나가, ‘나는 여전히 움직이고 있다’는 감각을 유지해 준다.

꾸준함은 의지력보다 긍정적인 감정의 동력으로 움직인다. “오늘도 계획을 망쳤다”는 자책보다, “그래도 이만큼이라도 움직였다”는 작은 만족감이 우리를 다시 길 위에 서게 한다. 그래서 나는 애초부터 완벽하지 않을 가능성을 계획 안에 포함시킨다. 완벽함을 목표로 삼지 않을 때, 우리는 역설적으로 더 멀리, 더 오래갈 수 있다.

플랜 A/B/C 시스템은 변화무쌍한 삶 속에서 달리기의 리듬을 지켜주는 심리적 안전망이다. 피로가 쌓인 주간에는 죄책감 없이 쉴 수 있는 명분을 주고, 에너지가 넘치는 주간에는 안전하게 성장할 기회를 제공한다.

꾸준히 달리는 사람은 매 순간 스스로에게 묻는다. "지금 나는 어떤 흐름 속에 있는가? 그리고 이 흐름 속에서 내가 할 수 있는 최선은 무엇인가?" 그 질문에 정직하게 답할 수 있다면, 계획은 얼마든지 바뀌어도 괜찮다. 지속 가능성의 힘은 견고한 계획을 완벽하게 지키는 능력에서 나오는 것이 아닌, 매일 달라지는 자신과 세상의 변화 속에서, 끊임없이 최적의 균형점을 다시 찾아가는 섬세한 조율에서 나오기 때문이다.

3장

시간과의 전쟁에서 승리하는 법: 30대 러너 생존 전략

　30대의 달리기는 순수한 체력의 경연장이 아니라, 치열한 시간과의 전쟁터다. 엔진(몸)의 성능은 아직 정점에 가깝지만, 그 엔진을 돌릴 연료(시간과 에너지)가 절대적으로 부족하다. 회사에서의 책임은 무거워지고, 가정에서의 역할은 늘어나며, 사회적 관계망은 복잡해진다. 이 시기 '나만을 위한 시간'은 하루 중 가장 희귀한 자원이 된다. 따라서 30대의 달리기는 기록 단축을 위한 훈련이라기보다, 숨 막히는 일상에 잠시 숨구멍을 내고 삶의 주도권을 되찾는 생존 기술에 가깝다. 달리기를 통해 하루를 리셋하고 내일을 준비하는 시스템을 구축하는 것, 그것이 30대 러너가 가장 먼저 확보해야 할 전략이다.

나는 36세에 처음 달리기를 시작했다. 그때의 나는 일과 삶의 경계가 완전히 붕괴된 상태였다. 새벽까지 이어지는 촬영과 편집, 쪽잠 후 다시 회의실로 향하는 일상의 반복. 정신없이 사람들을 만나고 마감 시간에 쫓기다 보면, 정작 나 자신을 돌볼 에너지는 한 방울도 남아있지 않았다. 역설적으로 쉬는 날은 더 깊은 무기력 속으로 나를 밀어 넣었다. 주말이면 소파와 한 몸이 되어 의미 없이 시간을 흘려보내는 날들이 이어졌다.

어느 일요일 새벽, 이대로는 안 되겠다는 절박함이 밀려왔다. 몸과 마음이 함께 소파 깊숙이 꺼져 들어가는 듯한 위기감. 그날 처음으로 먼지 쌓인 운동화를 꺼내 신고 집을 나섰다. 이유는 단 하나, 아주 잠깐이라도 내 의지로 심장을 뛰게 하고 싶었다. 온갖 귀찮음과 피로감이 발목을 잡았지만, 일단 달리기 시작했다.

처음은 고통스러웠다. 새벽 공기는 폐부를 찔렀고, 몸은 천근만근이었으며, 몇 걸음 못 가 발목이 뻣뻣하게 굳어왔다. 하지만 신기하게도, 그 짧은 몸부림 뒤에 찾아온 하루는 이전과 분명히 달랐다. 밤샘 작업 후에도 정신이 덜 흐릿했고, 사소한 일에 폭발하던 짜증이 줄었다. 달리기는 점차, 고통스러운 체력 단련이 아니라 흐트러진 하루를 다시 살아낼 수 있게 만드는 최소한의 의식으로 변해갔다.

주말 아침의 변화는 더 극적이었다. 늦잠과 무기력으로 채워지던 일요일 오전에 생기가 돌기 시작했다. 아무리 피곤해도 일단 몸을 일으켜 새벽 강변을 아주 천천히 달리고 나면, 머릿속 안개가 걷히고 마음이 투명해졌다. 땀을 씻고 돌아오면 아이들이 막 잠에서 깨어있었다. 침대 위에서 아이들과 뒹굴고 웃음소리를 듣는 시간이 이전보다 훨씬 더 충만하게 느껴졌다. 그리고 잠시 후, 가족을 위해 서툰 솜씨로 볶음밥을 만들고 커피를 내렸다. 창가에 앉아 잠시 책을 읽는 그 고요한 시간. 달리기가 내게 준 가장 큰 선물은 더 빨라진 기록이나 탄탄해진 몸이 아니라, 소중한 일상을 다시 살아갈 힘 그 자체라는 것을 그때 알 수 있었다.

내게 러닝은 하루의 피로를 푸는 마침표가 아니라, 새로운 하루를 제대로 열기 위한 시작 신호에 가까웠다. 그렇게 길 위에 선 지 십수 년이 흘렀다. 이제 50대를 바라보는 나이가 되었지만, 풀코스 마라톤을 완주한 다음 날에도 거뜬히 일상을 소화할 만큼 몸은 단단해졌다. 더 놀라운 사실은, 혈기 왕성했던 20대의 나보다 지금의 내가 훨씬 더 강하고 안정적인 체력을 가졌다는 점이다. 혈압은 낮아졌고, 체지방률은 줄었으며, 회복 속도는 비교할 수 없을 만큼 빨라졌다. 시간은 흘렀지만, 꾸준한 달리기는 세월의 흐름을 거슬러 내 몸의 시계를 되돌려 놓았다.

물론 30대의 몸은 여전히 외부 자극에 활발히 반응한다. 하지만 20대와 분명히 다른 것은 '회복의 속도'다. 직장에서의 스트레스, 불규칙한 수면, 잦은 회식 등이 누적되면 피로가 쉽게 가시지 않고, 기초대사량의 점진적인 감소로 체중은 서서히 늘어나는 경향을 보인다. 따라서 이 시기 러닝 전략의 핵심은 무리한 거리나 속도 경쟁이 아니라, 지속 가능한 패턴을 만드는 것이다. 매일 5km를 억지로 채우려 애쓰기보다, 주 3~4회라도 정해진 시간대에 꾸준히 달리는 것이 훨씬 효과적이다. 예측 가능한 패턴이 생기면, 우리 몸은 그 시간을 '에너지 충전 및 리셋 타임'으로 인식하고 더 효율적으로 반응하기 시작한다.

이 패턴 유지를 위해 반드시 관리해야 할 것이 '수면 루틴'이다. 30대는 잠들기 직전까지 스마트폰 화면을 놓지 못하는 세대다. 스마트폰에서 나오는 블루라이트는 수면 유도 호르몬인 멜라토닌 분비를 억제하여 수면의 질을 심각하게 저하시킨다. 수면이 부족하면 회복이 더디고, 회복이 더디면 다음 날 달리기는 고역이 된다. 나는 이 악순환을 '달리기로 잠을 깨우는 방식'을 통해 끊어냈다. 신기하게도 아침에 단 30분만 달려도, 그날 밤 수면의 깊이가 달라진다. 낮 동안의 적절한 신체 활동이 생체 시계를 정상화하여, 밤에 더 깊은 휴식을 유도하기 때문이다. '더 잘 자기 위해 달린다'는 관점의 전환은, 시간에 쫓기는 30대 러너에게 가장 현실적인 동기 부여가 될 수 있다.

또 하나의 그림자는 '정신적 피로'다. 몸보다 마음이 먼저 방전되는 경우가 허다하다. 끊임없는 멀티태스킹과 복잡한 인간관계 속에서 우리의 뇌는 늘 과열 상태다. 이때 달리기는 잠시 모든 것을 멈추고 뇌의 온도를 낮추는 유일한 시간이 될 수 있다. 나는 일주일에 한두 번, 의식적으로 '생각 비우기 러닝'을 한다. 시계도, 음악도 없이 오직 내 호흡과 발소리에만 집중하며 아주 천천히 30~40분 정도 달린다. 이 짧은 몰입의 시간이 과열된 정신에 찬물을 끼얹고,

노화와 삶의 변수를 이기는 평생 러닝 전략

다시 명료하게 사고할 힘을 되찾아준다.

30대에는 1시간 이상의 운동 시간을 확보하려는 강박 자체를 버리는 것이 현명하다. 그런 거창한 계획은 시작을 더 어렵게 만들고, 한 번 실패하면 쉽게 포기하게 만든다. 오히려 '짧게, 자주'라는 전략이 훨씬 효과적이다. 출근 전 집 주변 10분 걷뛰(걷기+뛰기), 점심 시간 회사 근처 15분 산책, 퇴근 후 저녁 식사 전 20분 슬로 조깅. 이렇게 자투리 시간을 활용한 '마이크로 러닝'은 적은 부담과 함께 성공 경험을 반복적으로 쌓게 해준다. 운동이 더 이상 특별한 이벤트가 아니라, 양치질처럼 당연한 일상의 일부가 되는 것이다.

생리적으로도 30대는 신진대사와 호르몬 균형에 변화가 시작되는 시기다. 남성은 근육량이 점진적으로 감소하고, 여성은 월경 주기나 스트레스 민감도 증가로 컨디션 기복이 커질 수 있다. 출산과 육아는 이 변화를 더욱 가속화한다. 따라서 이때의 달리기는 한계까지 밀어붙이는 퍼포먼스 향상보다는, 몸의 변화를 부드럽게 받아들이며 '기초 체력선'을 지키고 관리하는 데 목표를 두어야 한다. 대부분의 날은 편안한 슬로 조깅으로 채우고, 한 달에 한두 번 정도만 기분 전환 삼아 조금 더 빠르게 달리거나 언덕을 오르는 식의 이벤트성 자극이면 충분하다.

또 이 시기 러너들의 가장 큰 고민 중 하나는 체중 관리다. 야근, 회식, 불규칙한 식사와 수면의 반복은 열심히 달려도 좀처럼 체중이 줄지 않는 좌절감을 안겨준다. 이럴 때 필요한 것은 극단적인 식단 제한이 아니라, '덜어내고 바꿔가는 점진적 전략'이다. 좋아하는 음식을 완전히 끊는 것이 아니라, 몸이 덜 피곤해지는 건강한 선택지의 비중을 늘리는 것이다. 야식이 불가피하다면 양을 반으로 줄이고, 탄산음료 대신 물이나 차를 마시며, 가공된 간식 대신 견과류나 과일을 선택하는 작은 변화를 쌓아야 한다. 이 작은 변화들이 쌓여 몸의 염증 반응을 줄이고 회복 속도를 높이면, 체중 변화보다 컨디션의 변화가 먼저 찾아온다. 그 긍정적인 감각이야말로 지속 가능한 식단 관리와 꾸준한 달리기를 가능하게 하는 진짜 동력이다. 체중은 그 결과로 자연스럽게 따라올 것이다.

30대의 달리기는 엄격한 자기 관리라기보다, 삶의 여러 요소들을 조화롭게 만드는 '순환과 조율'의 과정으로 받아들이는 것이 좋다. 낮 동안 쌓인 스트레스와 긴장을 달리기로 흘려보내고, 달리기를 통해 얻은 명료함과 에너지를 다시 일상과 관계 속으로 되돌려주는 선순환. 이 흐름이 안정적으로 자리를 잡을 때, 체중, 수면, 집중력, 감정 조절 능력 등 삶의 다른 영역들도 함께 제자리를 찾아간다.

러닝, 일, 가족, 그리고 나 자신. 이 네 가지 영역 사이에서 완벽한 균형을 찾으려는 강박은 오히려 모든 것을 무너뜨릴 수 있다. 30대 러너에게 때로는 계획대로 되지 않는 삶의 불완전함을 너그럽게 받아들이는 마음이 필요하다. 아이와 함께 공원에서 자전거를 타는 주말 오후가, 혼자 10km를 달리는 것보다 더 큰 의미와 에너지를 줄 수도 있다. 몸의 근육을 단련하기 위해 달리는 것이 아니라, 흔들리

는 삶 속에서도 나아갈 힘을 기르기 위해 달리는 것. 그것이 바로
30대 러너가 발견해야 할 자신만의 러닝 철학이다.

4장

40대,
첫 시작의 황금기

40세가 되면 누구나 한 번쯤 이런 생각을 한다. '이제 운동하기엔 늦지 않았을까?' 하지만 실제로는 정반대다. 40대는 달리기를 시작하기에 가장 좋은 나이다. 몸의 변화가 느껴지기 시작하면서도 여전히 충분한 회복력이 남아있고, 인생의 우선순위를 스스로 정할 수 있는 나이이기 때문이다. 젊을 때처럼 무작정 경쟁하지 않아도 되고, 남의 시선을 예전만큼 의식하지도 않는다. 오히려 '이제라도 나를 위해 시작해 보자'는 마음이 가장 강하게 자리 잡는 시기다.

일적으로는 여전히 바쁘지만, 30대의 폭풍 같은 시기를 지나며 어느 정도 여유가 생긴다. 회사에서는 후배들이 생기고, 가정에서는 아이들이 조금 자라 손이 덜 간다. 몸과 마음이 잠시 숨을 고를 틈을 얻는 시기다. 문제는 그 여유를 오롯이 '멈춤'으로 써버린다는

245

점이다. 하지만 아무것도 하지 않는 휴식은 몸을 쉬게 하지 않고, 오히려 굳게 만든다. 하루 20분 만이라도 걷거나 천천히 뛰는 순간, 잠들어 있던 에너지가 깨어난다. 운동할 시간이 없는 게 아니라, 움직일 이유를 잊었을 뿐이다.

이 시기의 몸은 예민하다. 젊을 때처럼 갑자기 속도를 내서 달리면 관절이 적응하지 못하고 무릎이나 허리 통증이 쉽게 찾아온다. 그래서 40대의 러닝은 보강운동을 병행하며 시작하는 것이 좋다. 달리기 전후 스트레칭과 하루 15분 정도의 코어 및 하체 강화 운동만으로도 대부분의 부상을 예방할 수 있다. 무릎이 걱정된다면 러닝화를 바꿔보라. 쿠션이 풍부하고 지지력이 있는 신발이 관절의 부담을 줄여준다.

처음 시작할 땐 기록보다 감각을 먼저 깨워야 한다. 처음 며칠은 걷기와 가벼운 달리기를 섞어도 충분하다. 중요한 건 오래 뛰는 게 아니라 '내가 다시 움직일 수 있구나' 하는 감각을 되찾는 것이다. 달리고 난 뒤 가슴이 조금 두근거리고, 잠이 깊어지고, 아침에 몸이 한결 가벼워진다면 이미 변화가 시작된 것이다. 그 작은 변화를 반복하다 보면 어느 순간, 계단을 오를 때 숨이 덜 차고, 출근길 발걸음이 가벼워진다. 몸은 생각보다 금방 반응한다. 다만 40대는 회복이 느려지는 시기이기도 하다. 그러나 회복은 나이가 아니라 습관이 결정한다. 운동한 만큼 쉬는 시간을 확보하는 것, 그것이 40대 러닝의 핵심이다. 분주한 하루 속에서도 회복의 시간을 지켜내는 것이야말로 진짜 능력이다.

나는 30대 중후반, 달리기를 이어가면서 완전히 새로운 용기를 얻었다. 40대 초반, 회사가 내게 더 이상 '내 자리'가 아니라는 걸 직감했을 때도 나는 평온했다. 그 평온은 근거 없는 자신감이 아니라, 달리기에서 길러진 체력과 회복력에서 나왔다. 체력이 바닥나면 생각도 움츠러든다. 하지만 꾸준히 달리며 쌓인 에너지는 나를 다시 앞으로 밀었다. 나는 결국 회사를 나왔다. 남들은 "큰 결심"이라 했지만, 내겐 그저 자연스러운 변화였다.

40대 중반에는 유튜브를 시작했다. 그때도 망설임보다 움직임이 먼저였다. 새로운 걸 배우고, 카메라 앞에 서고, 사람들과 마주하는 일이 두렵지 않았다. 달리던 몸이 내게 준 체력과 자신감 덕분이었다.

40대는 변화를 감지하고, 받아들이고, 대응해야 하는 시기다. 그런데 대부분의 사람은 변화를 인식하면서도 몸이 따라주지 않아 대응하지 못한다. 마음은 바뀌었는데, 몸은 여전히 어제에 머물러 있다. 그래서 체력이 중요하다. 체력은 단순히 오래 걷고 뛰는 능력이 아니다. 새로운 것을 감당할 여유, 낯선 상황을 버텨내는 기반, 생각을 실행으로 옮길 추진력이다. 몸이 버텨야 삶이 버텨진다.

나는 수많은 40대 러너를 만나며 비슷한 이야기를 들었다. "예전 같지 않아요." 하지만 조금만 더 깊이 물어보면, 대부분의 문제는 나이가 아니라 '멈춤의 기간'이었다. 어린 시절을 지나고 몇십 년 동안 달리지 않았던 사람의 몸은 달리기에 대한 기억을 잃는다. 그러나 놀랍게도 다시 달리기 시작하면, 몸은 며칠 만에 반응한다.

지금 40대인 당신이 만약 불안하다면 그건 너무 정상이다. 불안을 잠재우는 방법은 단 하나, 몸을 움직이는 것이다. 지금 이 글을 읽고 있는 당신도 할 수 있다. 당신의 몸은 여전히 당신 편이다.

몸이 변하면 마음이 따라오고, 마음이 바뀌면 인생이 다시 움직인다. 그러니 지금의 40대는 늦은 나이가 아니다. 오히려 모든 것을 다시 시작할 수 있는 가장 좋은 때다. 아이들이 자라며 내 시간이 돌아오고, 일에서도 일정한 여유가 생긴 지금, 몸을 일으켜 밖으로 나가라. 바람을 맞으며 천천히 걷기 시작하라.

또한 이 시기의 러닝은 '혼자'보다는 '함께'할 때 더 쉽고 오래간다. 주말 아침, 아이들이 자전거를 타는 옆에서 천천히 달리거나, 친구와 함께 30분만 걷고 뛰어도 충분하다. 함께 뛰면 의지가 길어지고, 꾸준함이 습관으로 변한다. 달리기를 가족의 프로젝트로 만드는 것도 좋은 방법이다. "이번 달엔 우리 가족이 30분씩 10번만 걷자." 이렇게 현실적인 목표를 세우면 모두가 달리기의 즐거움을 느낀다.

40대라면 달리기를 통해 다시 몸을 느끼고, 자신을 믿어보자. 젊을 때는 체력을 쌓기 위해 달렸다면, 지금은 인생을 단단히 붙잡기 위해 달려보자. 오늘의 한 걸음이 10년 뒤의 나를 지탱한다. 달리기를 시작하기에 가장 좋을 때가 언제냐고 묻는다면, 나는 주저

없이 이렇게 말할 것이다. 지금, 바로 오늘, 당신의 마흔에서 시작
하라.

노화와 삶의 변수를 이기는 평생 러닝 전략

5장

예전 같지 않다고 느낄 때,
50대 러너 생존 지침

"몸은 당신이 지금까지 어떻게 살아왔는지를 가장 정직하게 기록하는 일기다."

한 기사에서 읽은 이 문장이 오래도록 남았다. 그리고 갓 50대가 된 지금, 그 문장이 현실로 다가왔다. 오랜만에 옛 친구들을 만나면 그 말의 의미를 절감하게 된다.

한 친구는 술을 줄이지 못한 채 늘어진 배를 어루만지며 웃었다. 또 다른 친구는 "요즘은 계단만 올라가도 숨이 차"라며 농담처럼 말했지만, 그 말속에는 머쓱함이 묻어있었다. 퇴근 후엔 그냥 누워만 있고, 주말엔 움직일 기운이 없다고 했다. 반면 어떤 친구들은 꾸준히 자전거를 탔고, 수영을 했고, 달리기를 해왔다. 그들은 피부 톤부터 달랐다. 표정이 다르고, 말투가 밝다. 그들을 보며 나는 이런 생각을 한다. 우리 모두 비슷한 나이지만, 몸의 나이는 제각각이라는 것. 같은 음식을 먹고, 같은 나라에서 살았는데도, 걷는 자세와 움직임의 결이 달랐다. 몸은 거짓말을 하지 않는다. 누가 얼마나 자신을 돌보았는지, 그 결과가 그대로 드러난다.

50대의 러닝은 '재적응'을 위한 과정이다. 몸은 여전히 움직일 준비가 되어있지만, 예전의 방식으로는 더 이상 말을 듣지 않는다. 젊을 때처럼 한두 번만 달려도 바로 몸 상태가 올라오던 시절은 지나갔다. 이제는 몸의 속도가 느려지고, 반응이 달라졌으며, 회복의 메커니즘 자체가 바뀌었다. 그러나 그건 퇴보가 아니라 변화다. 새로운 몸의 언어를 배워야 할 때가 온 것이다.

50대의 몸에서 가장 먼저 달라지는 건 기초대사량과 근육 구조다. 근육은 여전히 존재하지만, 사용되지 않은 부위부터 빠르게 약해진다. 특히 엉덩이와 허벅지 같은 하체 근육의 손실이 눈에 띄게 크다. 그 결과, 같은 거리를 달려도 피로가 빨리 쌓이고 회복이 더디다. 또한 근육보다 먼저 근막과 인대가 뻣뻣해지기 시작한다. 예전엔 달리기 중 근육통이 문제였다면, 50대에는 무릎과 발목 주변의 묵직한 불편감이 먼저 찾아온다.

50대의 러닝은 앞으로 달려 나가는 법에 앞서, 시동을 거는 기술이 더 중요하다. 엔진이 차가운 상태에서 갑자기 출발하면 어떤 차라도 머지않아 문제를 일으킨다. 몸도 마찬가지다. 좋은 시작은 출발선이 아니라 예열 구간에서 결정된다. 발목을 돌리고, 어깨를 풀

고, 충분히 걸어주며 몸의 엔진을 따뜻하게 데운다. 그렇게 준비된 몸은 천천히 움직여도 힘이 고르게 퍼진다.

이 시기의 러닝은 어떻게 보면 '리듬을 다시 맞추는 일'이다. 심장은 예전보다 조심스럽고, 체온은 늦게 오르며, 수면은 얕아진다. 그 변화에 맞춰 달리기를 조율해야 한다.

예전엔 달리기 시작하면 심박이 금세 오르고, 멈추면 바로 안정되곤 했다. 하지만 이제는 그 조절 능력이 달라진다. 심박이 한 번 오르면 이전보다 천천히 내려가고, 회복에도 더 많은 시간이 걸린다. 그래서 급격한 페이스 업은 피해야 한다. '오늘은 컨디션이 좋네' 싶어 속도를 높이면, 10분 뒤 갑자기 숨이 가빠지고 피로가 몰려올 수 있다. 이럴 땐 시계를 보기보다 몸이 보내는 미세한 신호에 집중해야 한다. 그 신호를 무시하지 않고 속도를 조금만 줄이면, 피로는 금세 사라지고 달리기는 오래 이어진다.

또한 50대에는 체온 조절 기능이 느려지고 탈수 위험이 커진다. 갈증을 느끼기 전 이미 체내 수분이 빠져나가 있으므로, 달리기 전후로 물 한 컵씩 챙기고 30분마다 한두 모금 보충하는 습관이 중요하다. 러닝은 심폐 운동이면서 동시에 체온을 유지하는 운동이다.

그리고 수면의 질이 결정적이다. 낮에는 피곤한데 밤에는 잠이 오지 않는다면, 그건 단순한 불면이 아니라 호르몬 변화의 신호다. 멜라토닌과 코르티솔의 균형이 바뀌면서 몸이 '제대로 쉬는 법'을 잊는다. 이럴 때는 저녁 운동보다 아침 러닝이 도움이 된다. 아침 햇빛을 받으며 20분만 움직여도 뇌 속 시상하부의 '시교차상핵[SCN]'

이 활성화된다. 이 부위는 우리 몸의 생체 시계를 조율하는 중심이다. 햇빛이 망막을 자극하면 SCN은 즉시 '지금은 낮이다'라는 신호를 전신으로 보낸다. 그 순간 멜라토닌 분비가 억제되고, 코르티솔과 체온이 서서히 상승하며 몸이 깨어난다. 이렇게 낮의 리듬이 제대로 설정되면, 14~16시간 뒤 멜라토닌이 자연스럽게 분비되어 깊은 잠을 유도한다. 즉, 아침에 빛을 받고 몸을 움직이는 행위는 단순한 운동이 아니라, 밤의 수면을 설계하는 생체 리셋 행위다. "잘 자기 위해 달린다"는 말이 이 시기엔 현실적인 전략이 된다.

50대 여성 러너는 폐경 전후의 체온 변화와 감정 기복을 함께 겪는다. 갑작스럽게 열이 오르고, 집중이 흐트러지는 날이 많다. 이럴 땐 몸의 변화를 억누르기보다, 그 리듬을 그대로 받아들이는 게 좋다. 컨디션이 좋은 날엔 가볍게 달리고, 힘든 날엔 스트레칭으로 대체한다. 남성 역시 테스토스테론이 감소하며 예전보다 의욕이 떨어지고 우울감을 느끼기 쉽다. 이 시기의 달리기는 몸과 마음의 균형을 되찾는 의식에 가깝다. 피로가 깊어질수록 몸을 쉬게 하기보다, 가볍게 움직여 순환을 다시 열어야 한다.

50대의 또 다른 변화는 '근육의 피로'보다 '신경의 피로'가 먼저 찾아온다는 점이다. 달리기를 하다 보면 호흡보다 먼저 반응 속도가 느려지는 건 신호 체계다. 근육이 움직이기 전, 뇌가 그 명령을

Satchin Panda, The Circadian Code: Lose Weight, Supercharge Your Energy, and Transform Your Health from Morning to Midnight (New York: Rodale, 2018).

노화와 삶의 변수를 이기는 평생 러닝 전략

내리는 속도가 미묘하게 늦어진다. 그래서 달리기는 신경을 깨우고, 몸의 리듬을 되찾는 훈련에 가깝다.

많은 50대 러너가 "이제는 늦었다"고 말한다. 하지만 늦은 것은 몸이 아니라, '시작을 망설이는 마음'이다. 근육은 생각보다 오래 기억한다. 단지 그 기억을 다시 깨워줄 신호가 필요할 뿐이다. 처음부터 달리지 않아도 된다. 집 앞을 걷다가 잠시 조깅으로 바꾸는 것, 계단 한 층을 걸어 올라가는 것, 그 정도의 자극이면 충분하다. 몸은 금세 반응한다. 몇 주만 이어가도, 근육의 회로가 다시 켜지고 숨이 덜 거칠어진다.

내가 만나는 구독자분들 중에는 50대 러너들이 적지 않다. 처음엔 "저는 그냥 걷기만 할게요"라며 조심스레 함께하던 분들이었다. 하지만 몇 달이 지나면 이렇게들 말한다. "달리기가 없으면 하루가 안 굴러가요." 한 여성 러너는 폐경 이후 불면과 무기력으로 힘들어했지만, 달리기를 시작하고 나서 얼굴빛이 달라졌다고 했다. "이젠 약들 다 끊었어요. 달리기로 다 바뀌었어요." 그녀는 땀에 젖은 머리를 쓸어 넘기며 웃는다. 그 웃음을 통해 젊었을 시절의 생기를 느낄 수 있다.

나보다 조금 앞서 달려온 선배 러너들도 있다. 50대 중반을 넘긴 그들은 놀라우리만큼 가볍다. 기록을 재지 않는다. 대신 서로의 컨디션을 묻고, 달리기가 끝나면 커피 한 잔을 나눈다. 마라톤 완주보다 더 중요한 건 '다음 주에도 또 나올 수 있는 몸'을 만드는 것이라는 걸, 그들은 이미 알고 있다. 어떤 날은 함께 뛰다가 갑자기 하늘을 올려다보며 "이게 행복이지" 하고 웃는다. 그들의 달리기에는 성취의 욕망 대신 꾸준함의 향기가 있다.

나는 그 모습을 보며 깨닫는다. 나이 들수록 달리기의 목적은 기록이 아니라 삶의 결을 되살리는 일이라는 걸. 이들은 매일 달리며, 자신을 조금씩 회복하고 있었다. 무리하지 않고, 비교하지 않고, 단지 매일의 피로와 걱정을 발자국으로 흘려보냈다. 그렇게 하루가 단단해지고, 얼굴에는 평온이 스며든다. 젊을 때는 체력을 쌓기 위해 달렸다면, 지금은 '잘 살아내기 위해' 달린다. 그리고 어쩌면 그들에게는 달리고 있는 지금이 가장 젊을 수도 있을 것이다.

6장

인생 후반전의 페이스메이커: 60대, 다시 시작하는 용기

"나는 달리기를 하며 조금씩 늙어간다. 그러나 달리지 않았더라면 훨씬 빨리 늙었을 것이다."

무라카미 하루키의 이 문장은 60대 러너라면 누구에게나 와닿는 말일 것이다. 이미 수십 년을 달려온 사람에게 그 문장은 '지속의 이유'가 되고, 이제 막 신발 끈을 묶어보려는 사람에게는 '더 늦기 전에 시작하자는 독려'가 된다. 오래 달려온 사람은 '여전히 달릴 수 있음'을 감사하게 여기고, 처음 시작하는 사람은 '아직 늦지 않았음'을 믿으면 된다.

나는 아직 60대가 아니다. 이제 막 50의 문턱에 올라섰을 뿐이다. 그래서 감히 그들의 삶을 함부로 정의할 수는 없다. 다만 지난 십여 년 동안 수많은 60대 이상의 러너들을 곁에서 지켜보며 배운게 있다. 그들은 달리는 모습만으로도 나이를 다시 정의했다. 느리지만 단단했고, 약한 듯했지만 흔들리지 않았다. 그 안에는 세월을 통과한 사람만이 지닐 수 있는 깊이가 있었다.

어떤 이는 매일 아침 같은 시간, 같은 벤치 앞에서 시작하고 다시 그 자리에서 마무리를 한다. 달리는 순간보다 마무리의 순간이 더 소중하다고 했다. 또 어떤 이는 예전엔 기록을 좇았지만, 이제는 발끝이 땅에 닿는 감촉 하나에도 마음이 머문다고 했다. 나는 늙음 앞에 주저하지 않고, 그 속도를 받아들이며 자기 리듬으로 살아가는 그들을 통해 많은 것을 배웠다.

그들의 이야기를 들을 때마다 '나도 저 나이가 되면 저런 방식으로 달리고 싶다'는 생각이 든다. 달리기를 통해 몸을 단련해 왔지만, 이제는 마음의 탄력을 배우는 시기라는 걸 그들에게서 배웠다. 나는 여전히 배움의 과정에 있고, 언젠가 60대가 되었을 때 그들의 언어로 나를 이해하게 되리라 믿는다. 그래서 지금 이 글은 다가올 내 60대를 미리 달려보는 마음으로, 조심스럽게 써 내려간다.

그에 앞서 나이와 상관없이, '처음 달리기를 시작하는 순간'은 누구에게나 온다는 것. 그리고 그 순간은 결코 늦지 않다는 것을 먼저 말하려 한다. 달리기를 오래 해온 사람도, 이제 막 관심이 생긴 사람도 같은 출발선 위에 서게 된다. 다만 그 시점이 조금 다를 뿐이다. 중요한 건 이제라도 몸을 움직이려는 마음이 살아있는가 하는 사실이다.

노화와 삶의 변수를 이기는 평생 러닝 전략

60대의 달리기는 그래서 특별하다. 젊음이 근육에서 나오던 시절을 지나, 이제는 주저앉지 않으려는 마음에서 태어나는 활기로 이어진다.

60대에 처음 달리기를 시작하는 사람들은 대체로 이렇게 말한다. "무릎이 약해서요. 이 나이에 달리기는 좀 무리 아닐까요?" 하지만 나는 그런 말을 수없이 들었고, 그 후의 변화를 수없이 보았다. 몇 달이 지나면 그들은 땀에 젖은 얼굴로 말한다. "왜 이제야 달리기를 시작했는지 모르겠네요." 이 변화를 통해 나는 한 가지 확신을 갖게 되었다. 나이는 몸의 한계를 결정하지 않는다. 잘못된 방법이 몸을 다치게 할 뿐이다. 올바른 속도와 순서로 시작하면, 60대의 몸도 놀라울 만큼 빠르게 반응한다. 그러니 시작을 미루지 말라. 중요한 건 잘 뛰는 법이 아니라, 안전하게 다시 움직이는 법을 배우는 것이다.

이 책의 전반에 걸쳐 거듭 강조해 온 원칙도 바로 여기에 있다. 처음부터 뛰려고 하지 말라. 걸음과 달리기의 경계를 넘나드는 '슬로 조깅'으로 충분하다. 5분 정도를 걸은 뒤, 숨이 고르면 잠시 가볍게 속도를 올려보라. 꼭 시간을 정하지 않아도 된다. 몸이 살짝 힘들다고 느끼는 그 순간까지만 달리고 다시 걷기로 전환한다. 걷다가 호흡이 돌아오면 다시 가볍게 달린다. 이렇게 하루 20분, 주 3회만 해 봐도 한 달 뒤쯤에는 몸이 전보다 가벼워지는 것을 느낄 수 있다. 이 방식으로 성공한 수많은 분의 사례를 보았다.

나의 아버지도 65세에 이렇게 시작해서 70세가 넘은 지금까지도 걷고 달리기를 이어가고 있다. 아버지는 30년 가까이 당뇨 약을 드셨다. 늘 혈당기를 손에서 놓지 않았고, 식사 후엔 습관처럼 약을 챙기셨다. 그러다 내가 슬로 조깅을 알려드렸다. 처음엔 조심스러워하셨다. "나는 무릎도 안 좋고, 숨도 차서 못 해. 무엇보다 혈당이 걱정돼." 하지만 매일 새벽 걷기에 10분 정도의 아주 천천히 달리기를 더하기 시작했다. 그렇게 조금씩 늘어나더니, 2~3년이 지나자 눈에 띄게 달라졌다. 약을 줄이게 되었고, 수치가 안정되었다. 무엇보다 낯빛이 달라지셨다.

지금 아버지는 70이 넘으셨지만, 여전히 아침마다 공원을 돈다. 주머니엔 혈당기 대신 이어폰이 들어있고, 발걸음은 느릴지라도 경쾌하다. 아버지를 처음 본 사람들은 대개 60대 초반쯤으로 본다. 나는 그 모습을 보며 생각한다. 슬로 조깅은 나이 든 몸이 다시 삶과 연결되는 꽤나 효과적인 방법이라는 것을. 아버지는 요즘도 "적어도 여든까지는 거뜬히 달려야지"라고 말씀하신다. 나는 아버지가 그 이상도 충분히 달릴 것이라 생각한다. 나이는 숫자일 뿐이라는 말이, 아버지에게는 더 이상 관용구가 아니었다.

60대에 달리기를 시작한다면 주의해야 할 점들이 있다. 이 시기의 러닝은 의지만이 아니라, 신체의 현실을 고려한 전략으로 접근해야 한다.

가장 먼저 기억해야 할 것은 '넘어짐'이다. 나이가 들면 시각과 평형감각이 함께 둔해지고, 뇌가 신체를 교정하는 속도도 느려진

다. 실제로 60대 이상에서 달리기 중 발생하는 부상의 절반은 충돌이 아니라 균형 상실, 혹은 바닥 걸림으로 인한 낙상이다. 노면이 불규칙한 강변길, 돌출된 보도블록, 경사가 심한 내리막 등에서는 속도를 조금만 더 줄여도 낙상 위험이 크게 줄어든다. 불안정한 구간에서는 반드시 보폭을 줄이고, 지면과 발의 접촉 시간을 조금 더 길게 가져가는 게 좋다. 이것만 잘 지킨다면 크게 두려워할 것도 아니다.

허리와 관절의 부담도 간과할 수 없다. 60대의 척추는 근육보다 디스크의 수분 함량이 먼저 줄어들기 시작한다. 그 결과 충격을 흡수하던 쿠션이 약해지고, 달릴 때 미세한 진동이 척추와 무릎으로 직접 전달된다. 하지만 이 문제는 과도한 속도와 충격에서 비롯된다. 하지만 슬로 조깅의 원리를 적용하면 대부분 예방할 수 있다. 발을 높이 들지 않고, 지면을 가볍게 스치는 정도로만 움직여도 체중이 관절에 전달되는 충격은 절반 이하로 줄어든다. 속도를 낮추면 보폭이 짧아지고, 보폭이 짧아지면 자연스럽게 착지 충격도 분산된다.

이 나이대에 특히 주의해야 할 것은 혈당과 혈압의 변동성이다. 50대까지는 운동 중 혈당이 안정적으로 떨어지지만, 60대 이후에는 인슐린 감수성이 낮아져 반응 속도가 느려진다. 공복 상태에서 달리면 오히려 저혈당으로 어지러움을 느낄 수 있다. 달리기 전에는 바나나 반 개나 견과류 몇 알처럼 소량의 탄수화물을 섭취하는 것이 안전하다.

근육의 회복력도 달라진다. 60대는 단순히 근육량이 적은 게 아니라 회복에 필요한 혈류 공급량이 감소한다. 같은 거리를 뛰더라도 젊은 시절보다 다음 날 피로가 더 오래간다. 이때 가장 피해야 할 건 '전날의 컨디션을 몸의 기준으로 삼는 것'이다. 컨디션이 좋은 날 더 많이 달리면, 다음날 근육의 미세 손상이 누적되어 3~4일 후 통증으로 나타난다. 이 시기에는 일정한 거리보다 일정한 회복 주기가 더 중요하다. 하루 뛰면 하루 쉬는 '격일 패턴'이 가장 이상적이다.

마지막으로, 60대 러너는 더더욱 몸의 신호를 무시하면 안 된다. 달리기 중 느껴지는 작은 통증, 관절의 미묘한 열감, 평소보다 가쁜 호흡 등 사소한 변화들이 부상의 전조다. 몸이 내는 신호를 구별하고, 필요한 시점에 쉬는 것이 기술이다.

그럼에도 불구하고, 나는 달리기를 권한다. 비록 느리고, 조심스럽고, 때로는 며칠을 쉬어야 다시 움직일 수 있을지라도, 아무것도 하지 않는 것보다는 훨씬 낫다고 믿기 때문이다. 지금은 100세를 넘어 150세를 바라보는 시대다. 인생의 끝을 향해 가는 것이 아니라, 아직 절반 이상이 남아있는 것이다. 주저앉기엔 이르다. 숨이 차더라도, 조금 느리더라도, 다시 신발 끈을 묶는 그 순간부터 인생은 다시 이어질 수 있다. 달리기는 여전히 우리를 내일로 이끌어주는 가장 단순한 방식일지도 모른다.

7장

AI와 달리기:
100세까지 함께 달리는
디지털 코치

피할 수 없는 미래라면 적극적으로 활용하는 법을 익히는 것도 삶의 요령이다. AI는 인간을 대체하기 위한 기술이 아니라, 우리가 놓치고 살아온 신호를 다시 감지하게 만드는 또 하나의 감각 기관이다. 나는 챗GPT를 달리기의 파트너로 활용하며, 기술이 단순한 도구를 넘어 개인화된 코치로 발전할 수 있음을 직접 경험했다.

예전의 러너들은 오로지 '감(感)'으로만 달릴 수밖에 없었다. 하지만 이제 AI가 그 감각을 수치로 번역해 주기 시작했다. 손목 위의 시계, 주머니 속의 스마트폰, 귀에 꽂은 이어폰, 챗GPT까지 모두 나의 코치이자 기록자다. 그들은 내가 얼마나 자주, 얼마나 강하게, 얼마나 꾸준히 움직였는지를 기억하고, 그 데이터를 바탕으로 "지금은 쉬어야 합니다", "오늘은 좀 더 달려도 좋습니다"라는 조언을 건넨다.

지속 가능한 러닝의 핵심은 '자기 피드백 시스템'을 만드는 일이다. 예전에는 그것이 경험과 직관의 영역이었다면, 이제는 AI가 돕는다. 수면의 질, 심박변이도, 근육 피로도, 스트레스 지수 같은 생체 데이터가 매일 기록되고 분석된다. 예를 들어, 전날의 수면이 짧았던 날에는 스마트워치가 러너의 회복 점수를 낮게 표시하고, 강한 훈련 대신 회복 조깅을 제안한다. 덕분에 러너는 몸의 미세한 변화를 놓치지 않고, 오히려 감각을 더 정확히 느끼는 능력을 되찾는다.

요즘 나는 훈련 계획을 세울 때 챗GPT의 도움을 받는다. "앞으로 12주 동안 42.195km를 3시간 이내 완주를 목표로 훈련 일정을 짜줘." 이렇게 작성하면, 나의 주당 러닝 횟수, 회복일, 보강 운동 여부까지 고려한 맞춤형 계획을 제시해 준다. 그 차이는 단순히 편리함이 아니다. '나의 컨디션'이 반영된다는 점이다.

예전엔 책을 참고하거나 인터넷에서 찾아본 스케줄을 그대로 따라 했지만, 한계를 느껴왔다. 왜냐하면 그 계획들은 언제나 '누군가의 평균'을 기준으로 만들어졌기 때문이다. 내 몸의 회복 속도나 생활 패턴, 컨디션의 변화 같은 현실적인 요소들은 반영될 수 없었다. 컨디션이 좋은 날엔 더 달리고 싶었지만 일정표는 그걸 허락하지 않았고, 피곤한 날엔 쉬고 싶었지만 스케줄에 밀려 억지로 뛰어야 할 때도 있었다.

지금은 내 컨디션에 따라 챗GPT가 스스로 조정해 준다. 예를 들어, "이번 주말 계획된 러닝 일정이 촬영 때문에 소화가 어렵다"고 말하면, 이번 주말은 가볍고 짧은 조깅으로 대체하고, 차주 주간 훈련표를 전면 수정해 준다. 누구보다 나를 잘 아는 코치와의 대화가 그 안에서 이루어지는 셈이다.

또 한 가지 유용한 것은 과거의 기록을 비교하고 성취를 되짚어 보는 일이다. 나는 매일의 러닝 성과를 챗GPT에게 입력해 두고는 종종 이렇게 묻는다. "한 달 전보다 내 훈련이 얼마나 나아졌을까?" 그러면 내가 입력한 데이터인 거리와 페이스, 주간 빈도 등을 바탕으로 변화의 흐름을 정리해 준다. 이는 단순한 숫자의 비교가 아니다. 챗GPT는 "평균 속도는 15% 빨라졌고 주간 누적 거리는 20% 늘었습니다. 이는 지구력이 안정적으로 향상되고 있다는 신호입니다"처럼 방향성을 알려준다. 기록을 그저 숫자로 보는 것이 아니라 의미 있는 성장의 언어로 번역해 주는 것이다.

챗GPT의 또 다른 장점은 훈련 계획과 기록 분석을 넘어, 러너의 일상 전체를 돕는다는 점이다. 예를 들어, "이번 주말 부산 여행 중에 8km 정도 달릴만한 코스 추천해 줘"라고 물으면, 코스의 거리, 경사도, 풍경, 심지어 근처 카페까지 고려한 루트를 제안한다. 여행과 러닝을 함께 즐기고 싶은 사람에게는 훌륭한 가이드가 된다. 또 "무릎이 불편한데, 대체 운동을 하고 싶어"라고 하면 스트레칭·근력·보강 운동 등 부위별 저강도 루틴을 구성해 준다. 초보 러너라면 이런 제안을 그대로 따라 하기만 해도 안전하게 러닝 체력을 쌓을 수 있다.

요즘 나는 러닝뿐 아니라 건강관리 전반을 챗GPT와 함께 조율한다. 예를 들어, "오늘 수면이 5시간밖에 안 됐는데 달려도 될까?"라고 물으면, 챗GPT는 내 훈련 기록과 피로 누적 데이터를 바탕으로 "오늘은 회복 조깅 40분 이하로 하세요. 대신 오늘 단백질을 충분히 섭취하세요"라고 답한다. 단순히 달리기만 관리하는 게 아니라 몸의 에너지 밸런스를 함께 계산해 주는 것이다.

식단도 마찬가지다. "오늘 20km를 달렸는데, 회복식으로 뭐가 좋을까?"라고 하면, 내 목표와 당일 훈련 강도에 따라 다른 답을 준다. "오늘은 저강도 훈련이니 단백질 20g과 복합 탄수화물 위주로 섭취하세요. 예: 삶은 달걀, 바나나, 현미밥 소량"처럼 회복식 맞춤 메뉴를 제안한다. 이런 대화가 반복되면, 챗GPT는 점점 나의 생활 리듬을 학습해 자연스럽게 루틴을 조정한다.

수면 관리에서도 도움이 된다. "요즘 밤에 자꾸 깨요"라고 말하면, 챗GPT는 나의 훈련 시간과 카페인 섭취 습관을 분석해 "훈련 후 4시간 이내에는 커피를 피하고, 잠들기 30분 전 스트레칭을 루틴화해 보세요"라고 조언한다. 피로, 수면, 영양, 러닝 이 네 가지가 연결되면서 하나의 '건강 루프'가 완성되는 것이다.

나는 일주일의 모든 기록을 요약해 챗GPT에게 보여준다.

- 총 러닝 거리: 52km
- 평균 페이스: 6분 00초/km

 노화와 삶의 변수를 이기는 평생 러닝 전략

- 수면 평균: 6시간 30분

- 피로도: 중간 이하

- 식사 패턴: 점심 과식 2회, 저녁 거름 1회

이 데이터를 기반으로 챗GPT는 일종의 건강 리포트를 만들어 준다.

"지난주보다 거리와 강도는 잘 유지되고 있지만, 수면이 부족해 회복 효율이 떨어졌습니다. 이번 주는 러닝 강도를 유지하되, 수면 시간을 1시간 늘려보세요."

이런 피드백을 읽으면, 단순히 운동 성과가 아니라 '삶 전체의 밸런스'를 점검받는 기분이 든다.

또한 챗GPT는 '이번 달 건강 점검표'처럼 월간 단위의 루틴 관리도 가능하다. 예를 들어,

- 1주 차: 슬로 조깅+스트레칭 루틴 고정

- 2주 차: 수면 패턴 개선 체크

- 3주 차: 식단 리듬 조정

- 4주 차: 회복 주간 및 정리 리포트

이런 식으로 챗GPT가 스스로 루틴의 우선순위를 정리해 주면, 러너는 복잡한 계획 대신 단순히 '이 주에 꼭 해야 할 일'에 집중할 수 있다.

결국 챗GPT는 코치이자 파트너, 때로는 러닝 다이어리의 편집자 역할까지 수행한다. 달리기 전에는 코스를 짜주고, 달리는 중에는 의욕을 불어넣고, 달린 뒤에는 하루를 정리하게 만든다.

100세 러닝의 시대, 챗GPT는 단순한 인공지능이 아니라 '지속의 언어'를 함께 써 내려가는 작가이자 코치다. 우리는 모두 언젠가 느려지는 순간을 맞는다. 그때 당신의 곁에 "오늘은 조금만 걷고 달려도 충분합니다"라고 말해주는 존재가 있다면, 그것은 당신의 달리기를 끝까지 지켜주고 응원하는 또 하나의 자신이 될 것이다.

달리며 여행하기: 공간이 추억이 되는 순간

나는 여행지에 도착하면 가장 먼저 러닝화를 꺼낸다. 달릴 시간을 확보하는 것이 여행의 일부이자 목적이 되어버린 지 오래다. 낯선 도시의 공기를 들이마시며 달리기 시작하면, 지도가 아닌 몸의 기억으로 길을 그리게 된다. 이 길이 어디로 이어질지 몰라도 괜찮다. 발끝이 향하는 대로 달리다 보면, 여행은 풍경을 보는 일이 아니라 풍경 속을 거니는 일이 된다.

달리며 여행한다는 건, 공간을 '속도'가 아니라 '감각'으로 경험한다는 뜻이다. 골목의 굴곡, 나무 냄새, 이른 아침에만 들리는 새소리와 동네 맛집의 분주함과 구수한 냄새 등 차로 스쳐 지나가던 거리가, 발로 딛는 순간 전혀 다른 표정을 띤다.

하루 중 가장 조용한 시간, 도시가 완전히 깨어나기 전의 새벽 러닝은 특히 그렇다. 아직 커튼을 열지 않은 창문 너머로 들려오는 식당의 조리 소리, 출근길을 서두르는 사람의 발걸음과 오토바이의 소음 속에서 나는 그 도시의 리듬을 느낀다.

관광객이 떠난 뒤에도 변함없이 이어지는 사람들의 하루, 그 숨결이 이른 아침의 공기 속에 담겨 있다. 그 속을 달릴 때, 나는 비로소 현지인의 하루를 잠시나마 함께 살아보는 기분이 든다. 그것은 관광으로는 결코 만날 수 없는 도시의 맨얼굴이다.

그래서 나는 새로운 여행지를 달릴 때 더욱 속도를 줄이게 된다. 그곳의 공기와 빛의 결이 다르기 때문이다. 부산의 조용한 골목길, 경주의 오래된 돌바닥, 태백의 서늘한 아침 공기와 같이 각각의 감각은 나를 다른 사람으로 만든다. 익숙한 루틴에서 벗어나 낯선 거리에서 달리면, 몸은 늘 새로운 감각으로 깨어난다.

그런데 달리기 여행의 진짜 매력은 돌아온 뒤에 더욱 빛을 발한다. 여행지에서 찍은 사진을 넘겨보면, 그날의 공기와 태양이 마음 속에 다시 떠오른다. 어떤 도시는 빨리 달렸고, 어떤 도시는 천천히 걷고 달렸다. 어떤 날은 3km밖에 못 갔지만, 그 3km가 평생 잊히지 않는다.

그리고 이상하게도, 그 경험은 언제나 '일상'을 더 선명하게 만든다. 낯선 도시를 달리며 마주한 리듬과 냄새를 기억하고 돌아오면, 내가 살고 있는 동네의 풍경이 달라 보인다. 늘 지나던 골목길의 나무도, 집 앞의 카페도, 오래된 신호등의 불빛도 새삼 낯설게 느껴진

다. 여행지에서 느꼈던 감각이 내 일상을 새롭게 조명한다. 달리며 보낸 그 짧은 시간은, 내 삶의 프레임을 조금 바꾸어 놓는다.

이건 단순히 좋은 추억을 남기는 일이 아니다. 여행지에서 달릴 때 우리는 늘 평소보다 느리다. 하지만 그 느림 속에서 우리는 '지금 이 순간'을 온전히 느끼는 법을 배운다. 다시 시작되는 출근길의 하늘과 저녁 무렵의 익숙한 바람, 피곤한 하루 끝의 짧은 산책까지, 그 모든 순간이 새롭게 다가온다.

결국 여행지에서의 러닝은, 잠시 멀리 떠나 일상을 다시 사랑하기 위한 연습이다. 낯선 길 위에서 '지금 여기를 달리고 있다'는 감각을 되찾으면, 돌아온 후에도 그 마음이 계속 이어진다. 똑같은 거리를 달려도 그 안에서 더 많은 것을 보고, 더 많이 느끼게 된다. 달리기 여행은 그렇게 우리 안의 감각을 다시 깨워, 매일의 삶을 더 풍성하게 만든다.

초보 러너라면 여행 중 러닝을 부담스럽게 느낄 수도 있다. 하지만 여행지에서의 달리기는 운동이 아니라 산책의 연장으로 생각하면 훨씬 편해진다. 목표를 세우지 말고, 속도를 잴 필요도 없다. 단지 새벽의 공기 속으로 한 발을 내딛는 것만으로 충분하다. 처음엔 호텔 근처를 천천히 걷다가, 몸이 풀리면 자연스럽게 조깅으로 이어가면 된다. 10분도 좋고, 2km만 달려도 괜찮다. 나머지는 걷기로 채우면 충분하다. 중요한 건 얼마나 달렸는가가 아니라 '그 도시의 공기를 얼마나 느꼈는가'이다.

러닝 코스도 굳이 멀리서 찾을 필요가 없다. 숙소 근처의 공원이

나 강변길, 혹은 사람들이 출근 준비로 분주해지기 전의 도심 거리가 훌륭한 러닝 코스가 된다. 새벽이나 이른 아침 시간대를 선택하면 관광객의 혼잡함도 피할 수 있고, 도시의 진짜 얼굴을 조용히 마주할 수 있다. 복장 역시 평소처럼 완벽할 필요가 없다. 가벼운 운동화, 반바지, 티셔츠 한 장이면 충분하다.

무엇보다 매력적인 건 '멈추는 것'에 있다. 달리는 중간에 멈춰 하늘을 보거나, 마음에 드는 카페 앞에서 숨을 고르며 커피 향을 맡아도 된다. 유명한 관광지도 달리는 도중에 멈춰 찍은 사진은 전혀 다른 느낌을 남겨준다. 그 모든 행동이 여행 러닝의 일부가 된다. 그렇게 천천히 달리고 자주 멈추며, 낯선 도시와 친해지는 것, 그게 바로 러너에게 가장 이상적인 여행 러닝이다.

예전의 여행은 풍경을 보고, 맛집을 찾아다니는 즐거움에서 그쳤다. 사진 속에 남은 것은 아름답지만, 시간이 지나면 희미해졌다. 그러나 달리기와 함께하는 여행은 다르다. 이제는 '보는 여행'이 아니라 '겪는 여행'이 된다. 풍경을 바라보는 대신, 그 속으로 들어가고, 길 위에서 내 호흡이 풍경의 일부가 된다. 나의 땀방울과 뱉어낸 호흡의 열기는 그곳의 공기와 뒤섞여, 잠시나마 그 공간의 일부가 된다. 그 오래된 풍경이 나를 잠시 품어준 것 같은 느낌이 남는다.

유명한 맛집보다 기억에 남는 건, 어시장의 비린내와 트럭 적재함에서 풍겨오던 싱그러운 과일 냄새, 그리고 그 위를 스쳐 지나간 짠바람의 냄새다. 그런 것들은 한입의 맛보다 더 오래 남는다. 그

냄새들은 잠깐 스쳐 지나가지만, 이상하게도 오래 남는다. 땀이 마르기도 전에 코끝에 맴도는 그 냄새는, 그 도시의 삶과 리듬을 함께 품고 있다. 달리며 맡은 냄새는 단순한 향이 아니라, 그곳 사람들의 하루와 맞닿은 공기다. 그 도시가 어떻게 살아 움직여왔는지를 온몸으로 느끼게 만든다. 달리면서 하는 여행의 기억은 그런 순간들로 남는다.

9장

러닝 커뮤니티의 힘: 함께 더 오래

나는 처음부터 러닝 커뮤니티 안에서 달리기를 시작했다. 사실 그건 내 성향과는 조금 어울리지 않았다. 사람 많은 자리를 부담스러워하고, 혼자 조용히 시간을 보내는 걸 좋아하는 편이었기 때문이다. 그래서 처음엔 '함께 달린다'는 말이 어색했다. 나에게 달리기는 혼자 생각을 정리하고, 마음을 비우는 시간이라고 믿었으니까. 그런데 친구의 권유로 한 커뮤니티에 들어가게 됐다. "그냥 한 번 나와봐. 다들 편한 분위기야." 그 말이 없었다면, 아마 나는 여전히 혼자 달리고 있었을 것이다.

첫 모임 날, 모르는 사람들 사이에 서 있는 게 괜히 어색했다. 다들 밝게 인사하고, 오늘의 코스를 얘기하는데 나는 어찌할 줄 몰랐다. 그런데 출발 신호가 울리고 몇 분쯤 달리자, 금세 마음이 풀렸다. 내 옆을 달리던 누군가가 말했다. "처음 오셨어요? 천천히 가요, 괜찮아요." 그 한마디가 이상하게 마음을 편하게 했다. 그날 이후 나는 혼자 달릴 때보다 훨씬 자주, 훨씬 멀리 달리게 되었다.

러닝 커뮤니티의 진짜 힘은 '함께 달리면 덜 힘들다'는 단순한 사실에 있다. 그 이유는 두 가지다.

하나는 습관이 만들어지는 방식 때문이다. 혼자 달릴 때는 매번 결심이 필요하지만, 함께 달릴 때는 약속이 대신 움직여준다. 일요일 아침 7시, 예정된 모임 시간이 신기하게도 사람을 일으켜 세운다. '오늘은 피곤하니까 쉴까?'라는 생각보다 '다들 기다리고 있겠지'라는 마음이 더 강해진다. 그 마음 하나가 이불 밖으로 발을 내밀게 하고, 신발 끈을 묶게 한다. 그렇게 만들어진 루틴은 어느새 일상의 일부가 된다. 더 이상 의지가 필요하지 않다. 단순히 '함께한다'라는 사실이 습관의 동력이 된다.

다른 하나는 함께 있을 때 시간의 감각이 달라진다는 것이다. 혼자 달릴 때는 1km가 길게 느껴지지만, 함께 달릴 때는 대화 한두 마디 사이에 3km가 지나간다. 숨이 차지 않을 만큼의 대화 속도, 이른바 슬로 조깅으로 달리다 보면, 몸의 피로가 아닌 이야기에 집중하게 된다. 오늘 있었던 일, 요즘의 고민, 재미없는 농담 한마디 등 그 모든 대화가 거리의 체감 속도를 바꾼다. 몸은 꾸준히 움직이고 있지만, 마음은 함께 웃고 있다. 그래서 같은 코스를 달려도 덜 힘들고, 더 즐겁다.

이건 단순한 착각이 아니다. 실제로 대화를 하며 달릴 때, 사람의 뇌는 '사회적 몰입' 상태로 들어가며, 피로와 통증을 느끼는 뇌 부위의 활동이 줄어든다고 한다. 즉, 함께 달릴 때의 웃음과 대화는 일종의 천연 진통제 역할을 한다. 그래서 커뮤니티와 함께 달리면, 몸은 힘들지 않게 같은 거리를 더 멀리 나아간다.

커뮤니티 안에서 러너들은 서로 배우고, 나누고, 성장한다. 잘 달리는 사람은 초보 러너의 속도에 맞춰 걸어주기도 하고, 천천히 달리며 자신의 노하우를 전한다. 그 과정에서 자신이 얼마나 성장했는지를 깨닫는다. '누군가를 이끌 수 있을 만큼 달린다'는 건 러너에게 가장 강력한 동기부여다. 반대로 처음 달리기를 시작한 사람은 선배의 짧은 조언 하나로 몇 달 치의 시행착오를 줄인다. 커뮤니티는 경험이 오가는 순환의 구조다.

디지털 시대의 러닝 커뮤니티는 더 넓게, 더 깊게 연결된다. 인스타그램, 스트라바, 나이키 런클럽 같은 플랫폼에서는 서로의 기록을 나누며 '좋아요'와 댓글로 응원한다. 화면 속의 데이터일 뿐이지만, 그 안에는 분명 온기가 있다. "오늘도 달렸네요, 수고했어요"라는 메시지 하나가 피곤한 몸을 다시 일으킨다. 내가 운영하는 '마피아런 밴드'도 그런 곳이다. 처음엔 단순히 함께 달릴 사람을 찾자는 마음으로 시작했지만, 지금은 1만 명이 넘게 모여 서로의 러닝을 응원한다. 함께 달린다는 건 이제 물리적 동반이 아니라, 정서적 동행이 되었다.

물론 러닝 커뮤니티에는 장점만 있는 것은 아니다. 많은 사람이 함께 모여 달린다는 건 그만큼 도시의 질서와 타인의 공간을 고려해야 한다는 책임도 따른다. 많은 사람이 함께 달릴 때 주변 주민들에게 소음이 될 수도 있고, 인도가 좁은 구간에서는 보행자의 통행을 방해할 수도 있다. 또 초보 러너 입장에서는 빠른 사람들과 함께 달릴 때 위축되거나, 무리하게 속도를 올리다가 부상을 당하는 경우도 있다. 커뮤니티의 에너지가 너무 강하면, 기록 중심의 경쟁 분위기가 생겨버리기도 한다.

하지만 다행히 많은 러닝 커뮤니티가 이런 문제를 인식하고, 좋은 문화를 스스로 만들어가고 있다. 커뮤니티의 운영진들이 코스 내 안전 지침을 공유하고, 초보 러너를 배려하는 '페이서(속도 조절자)'를 운영한다. 도심에서는 보행자 우선 원칙을 지키며, '한 줄 달리기'나 '조용히 출발하기' 같은 기본 매너를 캠페인화한다. 또 '완주보다 동행'이라는 문화를 강조하면서, 기록보다는 관계를 중시하는 방향으로 변하고 있다.

이런 자정 노력이 모이면서 커뮤니티는 점점 성숙해진다. 단순히 함께 달리는 집단이 아니라, 러너로서의 품격을 공유하는 문화로 발전하는 것이다. 이런 변화의 중심에는 늘 '배려'가 있다. 누군가의 속도에 맞춰주고, 뒤에서 응원하고, 초보자의 긴장을 풀어주는 따뜻한 손짓이 그 문화를 지탱한다.

러닝 커뮤니티의 미래는 매너와 존중의 연대 위에서 자란다. 서로의 다름을 인정하고, 각자의 리듬을 존중할 때 비로소 진짜 '함께 달리는 힘'이 생긴다. 그리고 그 마음이 모일 때, 러닝은 단순한 운동을 넘어 사람을 변화시키는 문화가 된다.

나는 믿는다. 지금의 러닝 커뮤니티들이 계속 성장한다면, 언젠가 '함께 달리는 아름다움'이 도시의 풍경처럼 자연스러워질 날이 올 것이다.

10장

혼자 달리는 힘: 100세까지 이어지는 지속의 기술

많은 러너기 커뮤니티 속에서 달리기를 시작하지만, 시간이 지나면 오히려 혼자 달리는 시간을 더 즐기게 되는 경우도 많이 생긴다. 함께 달릴 때의 에너지와 응원도 좋지만, 혼자 달릴 때만 느낄 수 있는 고요함이 있기 때문이다. 누군가의 속도에 맞추지 않아도 되고, 대화를 이어가기 위해 숨을 조절할 필요도 없다. 오롯이 자신의 리듬과 호흡에 집중할 수 있는 시간, 그것이 혼자 달리기의 진정한 자유다.

혼자 달릴 때 러너는 자신만의 세계로 들어간다. 출발 시간도, 속도도, 목적지도 모두 스스로 정한다. 아무도 기다리지 않고, 아무도 평가하지 않는다. 그런 독립성이 주는 해방감은 크다. 어떤 사람에게는 커뮤니티의 규칙보다 이 자유가 훨씬 잘 맞는다. 달리기는 원래 개인의 여정이다. 누구와도 비교하지 않고, 자신이 만든 리듬 안에서 달릴 때, 러닝은 더 오래, 더 단단하게 지속된다.

나 역시 새벽길을 혼자 달리는 것을 매우 좋아하게 되었다. 새벽 주로에서는 도시의 다른 얼굴들을 마주한다. 낮엔 사람과 차로 가득 차 있던 거리도 새벽에는 낯설 만큼 고요하다. 그 시간의 공기는 마치 어제와 오늘 사이, 아무도 차지하지 않은 틈 같은 곳에 머문다. 바람이 지나가는 소리, 신호등이 깜박이는 불빛, 멀리서 들려오는 택시 엔진음조차 또렷하게 들린다. 평소에는 소음이라 느꼈던 모든 소리가, 이 시간엔 도시의 기지개처럼 느껴진다.

가로등 불빛 아래에서 내 그림자가 길게 늘어나고, 러닝화가 길바닥을 토닥토닥 두드릴 때마다 주변의 건물들이 반응하듯 미묘한 울림을 돌려준다. 달리는 동안 문득 이런 생각이 든다. '지금 이 도시에서 깨어있는 사람은 몇이나 될까.' 아마도 몇몇 야간 근무자, 신문 배달원, 혹은 막 일어나 산책 나온 누군가. 그들과 이름도 모른 채 같은 새벽 공기를 나누고 있다는 사실이 묘하게 따뜻하다.

첫 지하철이 덜컹하고 움직이는 창동교 아래를 지날 때면 하루가 다시 시작된다는 걸 느낀다. 그 진동이 지면을 타고 발바닥까지 전해질 때 나는 세상보다 한 박자 먼저 깨어있는 기분이 든다. 이 시간대의 달리기는 내게, 도시의 시작보다 조금 앞서 하루의 문을 조용히 여는 의식과 같다.

혼자 달리는 시간은 고독의 시간이 아니다. 오히려 자신을 단련

하는 시간이다. 아무도 보지 않는 곳에서 꾸준히 몸을 움직인다는 건, 외부의 동기가 사라졌을 때도 스스로를 움직일 수 있다는 뜻이다. 이 순수한 반복 경험이 쌓이면, 자기 신뢰가 생긴다. 누가 보지 않아도 나를 믿고 꾸준히 나아가는 힘, 그것이 혼자 달리기의 진짜 근력이다.

이 고독의 훈련은 삶에도 그대로 스며든다. 혼자 달릴 줄 아는 사람은 외로움에 쉽게 무너지지 않는다. 혼자 있는 시간의 무게를 견디는 법, 그 속에서 자신을 다독이는 법을 배운다. 나는 예전엔 혼자 있는 시간이 좋으면서도 두려웠다. 조용함 속에 머물면 마음이 편해지기도 했지만, 동시에 세상에서 뒤처지는 건 아닐까, 점점 외로워지는 건 아닐까 하는 막연한 불안이 따라왔다. 그래서 늘 누군가와 함께 있으려 애썼다. 하지만 달리기를 통해 배운 건, 고독이 곧 결핍이 아니라는 사실이었다. 혼자 있는 시간은 나를 고립시키는 시간이 아니라, 나를 회복시키는 시간이었다.

실제로 혼자 달릴 때는 뇌의 작동 방식이 달라진다고 한다. 반복적인 리듬 운동은 알파파를 증가시켜 긴장을 완화하고, 스트레스 호르몬을 줄인다. 그래서 혼자 달릴 때 떠오르는 생각들이 유난히 명료하고 창의적이다. 많은 러너가 "좋은 아이디어는 달릴 때 떠오른다"라고 말하는 이유다. 몸이 일정한 리듬을 유지하면 뇌는 불필요한 잡음을 줄이고, 생각의 통로를 넓힌다. 혼자 달리는 시간은 움직이는 명상, 혹은 생각을 정리하는 시간이다.

나 역시 마찬가지다. 사람들과 함께 달릴 때의 즐거움이 분명 있지만, 아이디어를 정리하거나 새로운 방향을 찾을 때는 과감히 혼자 달리기를 택한다. 사람들의 대화와 웃음이 사라진 그 고요 속에서 생각은 자연스럽게 흐른다. 발소리의 일정한 박자가 잡념을 밀어내고, 남은 여백 안에서 문장 하나, 영상의 콘셉트 하나가 태어난다. 혼자 달리는 시간은 몸을 움직이는 시간이면서, 생각을 정리하고 마음을 다듬는 시간이다.

혼자 달릴 때 가장 달라지는 건 속도에 대한 감각이다. 빠르면 빠른 대로, 느리면 느린 대로 좋다. 중요한 건 '오늘의 나'를 기준으로 삼는 것이다. 누군가의 기록이 아니라, 내 몸이 허락하는 페이스를 찾는 일. 이런 자기 인식이 쌓이면, 나이에 상관없이 달리기를 지속할 수 있다. 20대의 속도와 60대의 속도는 다르지만, 만족의 본질은 같다.

혼자 달리기를 오래 해온 러너일수록 부상 관리와 회복에도 능숙하다. 자기 몸의 변화를 누구보다 세밀하게 느끼기 때문이다. 피로가 쌓인 부위, 컨디션의 미세한 차이를 스스로 감지하고 조정한다. 물론 혼자 달리기는 쉽지 않다. 혼자 있다는 건 늘 유혹과 싸워야 한다는 뜻이다. "오늘은 쉬어도 되지 않을까"라는 속삭임을 이겨내야 한다. 그러나 그 작은 싸움을 넘을 때마다 자신감이 쌓인다. 그 힘이 일상의 의지력으로 이어진다. 혼자 달리기에서 얻은 '꾸준함의 감각'은 러닝을 넘어 삶 전체의 지속 가능성을 높인다.

이제 나는 고요함을 두려워하지 않는다. 오히려 혼자 있을 때 가장 단단해진다. 아무도 없는 새벽의 길을 달릴 때, 세상과의 경쟁에서 한 발 비켜나 있다는 안도감이 든다. 러닝은 육체의 지속력뿐 아니라 마음의 지속력까지 키운다.

달리기와 시간:
시간의 흐름을 늦추는 법

아인슈타인은 말했다. "시간은 절대적인 것이 아니라, 우리가 움직이는 속도에 따라 다르게 흐른다." 비록 물리학의 언어이지만, 달리기를 오래 한 사람이라면 모두 공감할 것이다. 달릴 때의 시간은 유난히 느리게 흐르고, 멈춰 있을 때의 시간은 이상하리만큼 빠르게 지나간다. 몸이 앞으로 나아가는 동안, 마음은 잠시 현재에 머문다.

달리기를 오래 하다 보면, 시간의 속도가 달라진다는 걸 느낀다. 예전의 나는 시간을 쫓으며 살았다. 할 일은 늘 쌓였고, 속도를 늦추면 금세 뒤처질 것 같았다. 매일이 다음 목표를 향한 경쟁 같았다. 그러나 어느 순간부터 달리기는 나를 '시간의 중심'으로 데려다주었다. 세상이 나를 끌고 가는 것이 아니라, 내가 시간을 조율하며

노화와 삶의 변수를 이기는 평생 러닝 전략

살아간다는 감각.

달리기를 하며 알게 됐다. 속도를 바꾸면 세상이 달라지고, 세상이 달라지면 시간도 변한다는 걸. 시간은 시계 속에 갇혀있지 않았다. 내가 어떻게 얼마나 움직이느냐에 달려있었다.

평소의 시간은 흐름처럼 스쳐 지나간다. 하루는 시간 단위로 쪼개지고, 우리는 그 조각들을 일정표와 시계 속에 맞춰 산다. 회의와 약속, 출퇴근 시간, 점심시간, 마감 시간…. 시간은 늘 '해야 할 일'의 경계로만 존재했다. 그렇게 흘러가는 하루 속에서 나는 종종, 시간을 '살았다기보다' 그저 '지나쳐 보냈다'라는 느낌을 받곤 했다. 초침은 쉴 새 없이 움직였지만, 내 몸은 그 흐름을 거의 느끼지 못했다.

하지만 달릴 때는 모든 것이 달라진다. 달리기 속의 시간은 흘러가는 것이 아니라, 온몸으로 체험되는 것이다. 심장이 박동하는 속도, 발끝이 바닥을 딛는 간격, 호흡이 길어지는 리듬 속에서 시간은 '살아 있는 존재'가 된다. 심박수가 오르고, 공기가 무겁게 폐를 가를 때, 초 단위의 순간들은 늘어지고 길어진다. 그 짧은 10초, 100m의 거리 안에도 수십 가지의 감각이 깃든다. 바람의 밀도, 땀의 온도, 근육의 떨림, 그리고 스스로를 밀어내는 의지까지. 세상이 갑자기 느려지고, 그 안에서 나는 시간의 결을 손으로 만지는 듯한 감각을 느낀다.

그 순간에는 과거도, 미래도 존재하지 않는다. 오직 '지금'이라는 좁은 틈만이 남는다. 그 안에서는 어제의 실수도, 내일의 불안도 사라진다. 달리기 속의 시간은 오로지 현재의 감각만을 허락한다. 그렇기에 달릴 때 우리는 '지금 여기'를 어떻게 살아내고 있는지를 온몸으로 느끼게 된다.

과거는 이미 지나갔고, 미래는 아직 오지 않았다. 우리가 붙잡을 수 있는 건 오직 이 한 걸음, 지금의 호흡뿐이다. 그 한 걸음을 성실히 내딛는 일이 미래를 바꾸는 유일한 방법이다. 달리기를 하며 깨닫는다. 좋은 미래는 멀리 있는 것이 아니라, '지금의 한 걸음'을 어떻게 채우냐에서 시작된다는 것을. 우리는 내일을 예측할 수 없지만, 오늘의 리듬을 선택할 수는 있다. 오늘을 성실히 달리는 사람에게만 내일의 방향이 열리듯, 현재는 단순한 순간이 아니라 미래를 만들어내는 토대다.

시간은 그냥 흘러가는 것이 아니라, 우리가 지금 어떤 자세로 움직이느냐에 따라 모양을 달리한다. '지금 이 순간을 제대로 살아내는 기술'이야말로, 달리기가 가르쳐주는 가장 단순하면서도 깊은 철학이다.

나이가 든다는 건, 시간을 잃는 일이 아니라 시간을 새롭게 인식하는 일이다. 젊을 때는 1년이 너무 느리게 흘렀고, 중년이 되면 한 달이, 하루가 순식간에 지나간다. 시간의 속도가 바뀌는 이유는 단순하다. 삶의 경험이 쌓일수록 우리는 '새로운 것'을 덜 느끼기 때문이다. 익숙한 하루는 빠르게 지나가고, 낯선 하루는 천천히 흐른다. 그래서 달리기는 우리를 다시 '낯선 하루'로 데려간다. 매번 같은 코스를 달려도 그날의 하늘과 공기, 몸의 반응은 언제나 다르다. 익숙

285

한 길 위에서조차 새로움을 발견하게 만드는 힘. 그게 바로 시간의 흐름을 늦추는 기술이다.

몸의 나이는 늙어도 감각의 나이는 움직임으로 회복할 수 있다. 매일 같은 길을 달리면서도 그 안에서 작은 변화를 알아차릴 때, 우리는 다시 '살아있는 시간'을 산다. 달리기를 오래 하는 사람들의 공통점은 시간과 싸우지 않는다는 것이다. 그들은 목표 기록을 세우기보다, 매일의 리듬을 조율한다. 시계를 보며 초를 줄이는 대신, 자신의 몸이 들려주는 시간을 듣는다. 시간을 이기려는 사람은 결국 지치지만, 시간과 흐름을 맞추는 사람은 오래간다. 그 흐름 속에서 달리기는 인생의 은유가 된다. 빠르게 가는 것보다 꾸준히 가는 것이 더 멀리 데려다준다는 사실, 멈추지 않고 나아가는 것이 우리를 성장시킨다는 단순한 진리 말이다.

100세 러닝의 시대, 우리는 모두 각자의 속도로 시간을 달리고 있다. 누구는 빠르게, 누구는 천천히, 그러나 중요한 건 방향이다. 달리기는 우리에게 묻는다.

"당신은 지금 어디로 가고 있나요?"

그 질문에 답하며 앞으로 나아가는 한, 우리는 늙지 않는다. 시간은 흘러가지만, 달리는 사람은 흐름 속에서 계속 새로워진다. 그리고 그 흐름 속에서, 우리는 비로소 제대로 인생을 마주하는 법을 배우게 된다.

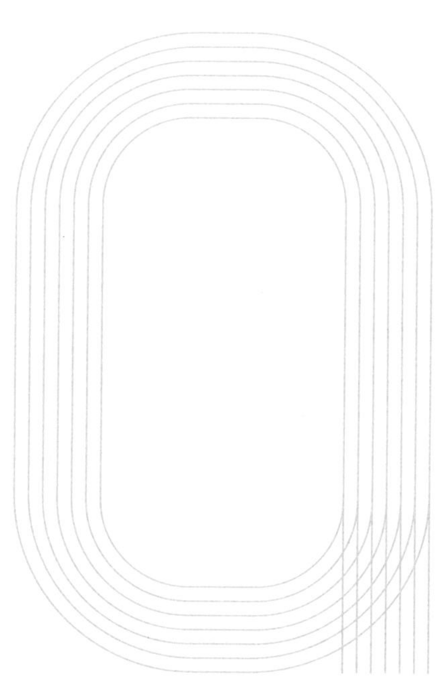

평생 러너를 위한 Zone 2 러닝의 모든 것

100세 러닝

1판 1쇄 인쇄 2026년 4월 15일
1판 1쇄 발행 2026년 5월 6일

지은이 이재진
펴낸이 고병욱

기획편집2실장 김순란　**책임편집** 권민성　**기획편집** 조상희
마케팅 안선욱 황혜리 황예린 이보슬　**디자인** 공희 백은주
제작 김기창　**관리** 주동은　**경영지원** 노재경 송민진

펴낸곳 청림출판(주)
등록 제2023-000081호

본사 04799 서울시 성동구 아차산로17길 49 1010호 청림출판(주)
제2사옥 10881 경기도 파주시 회동길 173 청림아트스페이스
전화 02-546-4341　**팩스** 02-546-8053

홈페이지 www.chungrim.com　**이메일** life@chungrim.com
인스타그램 @ch_daily_mom　**블로그** blog.naver.com/chungrimlife
페이스북 www.facebook.com/chungrimlife

ⓒ 이재진, 2026

ISBN 979-11-93842-71-3 14690